土壤水盐动态预测及调控

张妙仙 著

科学出版社

北京

内 容 简 介

本书系作者多年从事土壤水盐动态研究的总结性成果。本书在总结多年水盐动态观测资料的基础上，分析研究了土壤水盐动态及其影响因素，阐述了物理模拟与计算机模拟、定位观测和调查研究、试验研究和理论分析相结合的研究方法；论述了土壤水盐动态的变化规律和形成机理；建立了土壤水盐动态中长期预测预报的理论和模型；初步建立了土壤水盐动态优化调控的理论体系和适应中长期预报特色并与多目标规划相结合的水盐动态优化调控管理模式。

本书可供农业水土工程、土壤、生态环境、水文水资源、农林科学等专业的科研、教学和工程技术人员及研究生参考。

图书在版编目(CIP)数据

土壤水盐动态预测及调控／张妙仙著．—北京：科学出版社，2012.4
ISBN 978-7-03-033785-6

Ⅰ.①土⋯ Ⅱ.①张⋯ Ⅲ.①黄淮平原－土壤盐渍度－关系－土壤水－研究 Ⅳ.①S156.4

中国版本图书馆 CIP 数据核字(2012)第 040334 号

责任编辑：罗 吉 尚 雁／责任校对：张怡君
责任印制：徐晓晨／封面设计：许 瑞

科 学 出 版 社 出版
北京东黄城根北街16号
邮政编码：100717
http://www.sciencep.com

北京厚诚则铭印刷科技有限公司 印刷
科学出版社发行　各地新华书店经销

*

2012年3月第 一 版　　开本：B5(720×1000)
2021年8月第三次印刷　　印张：8 1/2
字数：158 000
定价：79.00元
(如有印装质量问题，我社负责调换)

前　言

土壤盐碱化是指土壤含盐量太高,而使农作物低产或不能生长,是一个世界性的土壤问题。全世界盐碱地面积近10亿公顷。而我国盐碱地面积约1亿公顷,主要集中在华北、西北和东北的干旱和半干旱地区,以及滨海地区。土壤盐碱化是地形、气候和水文地质条件以及人为活动综合作用的结果。土壤水盐动态规律是防治土壤盐碱化的理论基础。

土壤水盐动态是指土壤水分和盐分随空间的分布和随时间的变化的过程。土壤水盐状态与旱涝盐碱密切联系,是蒸发积盐与淋溶脱盐过程交替发生的结果,是土壤与地下水的水盐运动相互作用的结果。土壤水盐动态预报,就是根据土壤水盐动态变化规律,结合有关要素预报计算出未来某时段、某计划层内的土壤含水量和含盐量,实为农作物需水耐盐状况预报。调控土壤水盐动态则是使根层土壤盐渍度在作物耐盐度以内,地下水埋深在临界动态。

本书以规律—模型—预报—调控—管理为主线,首先明确土壤水盐动态的概念和内涵,论述土壤水盐动态预测预报和优化调控在农业生态环境建设和土壤质量管理中的地位和作用;然后,对这一领域的研究方法、研究现状、研究成果、理论基础、数学思想、研究规模、研究工具和存在的不足进行了较系统的总结,针对土壤水盐运动特点和农业生态环境中存在的主要问题,明确了研究的主要内容和技术路线。

本书从因素分析入手,采用物理土柱模拟与计算机模拟、定位观测与调查研究、试验研究与理论分析相结合的方法,以多年的水盐动态观测资料为基础,通过对土壤水盐动态及其影响因素的监测,研究论述土壤水盐动态的变化规律和形成机制,建立土壤水盐动态模型;借鉴气候预测理论和方法,综合应用土壤溶质运移、水文地质、农田灌溉及盐渍土改良研究方法,初步建立土壤水盐动态中长期预测预报的理论和模型,并进行土壤水盐动态的长期、中长期预报;在此基础上,根据水盐生产函数和优化指标,应用优化调控理论,提出可持续利用的优化调控方案,建立适应中长期预报需求的水盐动态多目标优化调控管理模型。

本书是在作者博士后出站报告和博士论文基础上,对作者多年从事土壤水盐动态研究的总结性成果。本书的出版,得到了杨劲松研究员、康绍忠教授的指导和大力帮助,在此谨表谢忱。

本书所提出观点和结果可供同行参考,可为农业生态建设及水土资源的合理利用提供科学依据。由于作者水平有限,书中错误或不足之处在所难免,敬请各位专家同行学者提出宝贵意见,使之不断完善和充实。

2011 年 9 月

目　　录

前言

第1章　绪论 ··· 1

1.1　土壤水盐动态预测预报的目的、任务和意义 ··· 1
1.2　土壤水盐动态预报及调控的研究现状 ··· 3
1.2.1　土壤水盐动态预测预报分类 ·· 3
1.2.2　土壤水盐动态预测预报的方法 ··· 3
1.2.3　土壤水盐动态预测预报研究现状 ·· 4
1.2.4　土壤水盐动态调控研究现状 ·· 6
1.3　研究内容和技术路线 ··· 9
1.3.1　研究内容 ··· 9
1.3.2　技术路线 ··· 10

第2章　土壤水盐动态与其影响因子关系研究 ·· 11

2.1　土壤水盐动态因素试验 ·· 11
2.1.1　土壤水盐动态模拟试验 ·· 11
2.1.2　微区咸水灌溉试验 ··· 17
2.2　土壤水盐动态影响因子 ·· 20
2.2.1　土壤水盐动态与气象因子 ·· 20
2.2.2　土壤水盐动态与植被条件 ·· 25
2.2.3　土壤水盐动态与灌溉制度 ·· 30
2.2.4　土壤水盐动态与土壤条件 ·· 32
2.2.5　土壤水盐动态与地下水埋深 ·· 38
2.3　土壤盐渍化多因子预报 ·· 46
2.3.1　土壤盐渍度多元统计预报模型 ·· 46
2.3.2　土壤次生盐渍化的多因子预警 ·· 47
2.4　小结 ·· 53

第 3 章 土壤水盐运动机理 …… 55

3.1 土壤水盐运动的动力作用过程 …… 55
3.1.1 GSPAC 系统土壤水盐运动的四大动力作用过程 …… 55
3.1.2 基于四大过程的水盐动态分类 …… 56

3.2 试用组合数学方法探讨多孔介质水动力弥散尺度效应及溶质迁移机制 …… 57
3.2.1 问题的提出 …… 57
3.2.2 土壤渗透性和水动力弥散性物理机制探讨 …… 59
3.2.3 多孔介质溶质迁移过程的推求 …… 63
3.2.4 溶质迁移过程分析 …… 66

3.3 小结 …… 66

第 4 章 土壤水盐动态中长期预测预报理论和模型 …… 68

4.1 中长期预测预报理论 …… 68
4.1.1 预测预报的基本原则 …… 69
4.1.2 中长期预测预报特点 …… 71
4.1.3 预测步骤 …… 71

4.2 土壤水盐动态中长期预测预报对象 …… 73
4.2.1 土壤水盐动态表征变量 …… 74
4.2.2 土壤水盐动态指标 …… 77

4.3 土壤水盐动态预测预报体系 …… 84
4.3.1 土壤水盐动态预测预报概念模型 …… 84
4.3.2 土壤水盐动态预测预报要点 …… 85
4.3.3 土壤水盐动态预测预报体系结构 …… 86

4.4 GSPAC 系统水-盐-作物产量动态中长期预报模型 …… 86
4.4.1 入渗条件下农田土壤水盐动态简化模型 …… 88
4.4.2 腾发条件下农田土壤水盐动态简化模型 …… 91
4.4.3 地下水位动态模型 …… 95
4.4.4 水盐生产函数 …… 97
4.4.5 模型功能和结构 …… 101
4.4.6 土壤水盐动态中长期预测预报精度分析 …… 103

4.5 小结 …… 104

第 5 章 土壤水盐动态多目标优化调控管理模式 …… 106

5.1 子过程水盐动态调控 …… 106
5.1.1 入渗过程水盐动态调控 …… 106
5.1.2 腾发过程水盐动态调控 …… 110

5.2 土壤水盐动态优化调控管理模式 …… 116
5.2.1 多目标动态规划数学模型 …… 116
5.2.2 土壤水盐动态多目标优化调控模式 …… 117
5.2.3 优化调控实例 …… 120

5.3 小结 …… 122

参考文献 …… 123

第1章 绪 论

土壤水盐动态是指土壤水分和盐分随空间的分布和随时间的变化过程。土壤水盐动态是受各种因素影响的复杂的自然现象。这一现象由土体内发生的各种物理、化学和生物过程的综合作用所支配。其主要过程包括对流、扩散、吸附、溶解、结晶、蒸发和蒸腾等。从地球表层结构看,土壤水盐动态是发生在气候系统、生物系统、水文系统和陆地系统交叉部位的能量、水文和地质循环的一个重要过程。从物理意义上讲,土壤水盐动态是蒸发蒸腾和入渗淋洗交替作用下,多孔介质中非饱和的、部分带电的电解质的非等温运动,属土壤溶质运移范畴。这一现象的科学研究不仅涉及土壤内物质、能量运动和转化的基本机制,而且涉及土壤学、地质学、气象学、水文学等的地球物理规律。

1.1 土壤水盐动态预测预报的目的、任务和意义

对于土壤水盐动态这一现象的研究是随着人类农业生产水平的不断提高而发展的。从小农经济到大农业、到生态农业,再到正在兴起的精准农业,土壤水盐动态逐渐成为农业生态环境系统的重要研究内容,评价土壤质量和农业生态环境质量的重要动态指标之一。土壤水盐动态是四水转化、施肥、植被等因素综合作用的结果。土壤水盐动态与农业生态环境建设密切相关,它的优劣严重影响农业生产对象的发育和最终经济产量。

土壤水盐动态规律是土壤改良的基础。土壤改良是人类所从事的最古老活动。其最终目的是创造适于作物生长的农业耕作条件。长期以来,农业生产主要依靠扩大外延的粗放经营和资源投入来发展。对于旱涝盐碱威胁也只是用一般的技术和经验来对付。多少年来土壤改良一直采用经验试错方法,寻找特定地区和特定作物的最佳农业技术措施(Sokolenko,1984),而现代技术已提供了各种自动测试、监测和信息处理方法,特别是计算机的迅猛发展,定量化模拟仿真过程已成为可能。在土壤改良上继续应用经验试错方法,将造成时间和资源的浪费。为了使时间和资源利用最佳,满足农业生产可持续发展的要求,土壤改良必须从经验性科学转换到精确性科学,成为精准农业的重要内容之一。而正确合理的土壤改良必须建立在正确的土壤水盐动态预测基础之上。

预报是人类适应自然和利用自然的必要手段之一。若要对农田土壤水盐动态进行优化管理,趋其利而避其害、防患于未然,就需要在认识其发生、发展规律的基

础上,对土壤水盐动态有较为精确的预测,这是土壤水盐管理和控制的先决条件。只有这样才能适应精准农业的要求,为作物生长创造最佳的水盐生存环境,为农业生态环境的良性演化、水土资源的永续利用、旱涝盐渍的综合治理提供科学依据。

空气运动性最强,从而表现出变幻莫测的气象;地表水运动其次,从而表现出复杂的地表水文现象;多孔介质中的水盐运动位居第三,从而表现出复杂的土壤水盐动态变化现象。土壤水盐动态和气象、水文一样,均有其自身发生、发展和演化规律。人们对气象预报、水文预报早已熟知,而对事关农业发展而近在足下的土壤水盐动态的预报却不甚了解。怎样才能给出科学的、满足生产实际要求精度的预报呢?一方面要有对研究对象运动规律和机理的认识研究和大量野外监测资料的积累,另一方面要有合理的逻辑推断,即预报方法和预报理论。

一个地区的土壤水盐动态是当地气候、地形、土壤、植被、水文地质和农业生产活动等因素综合作用的结果。气候因素使土壤水盐状况呈现明显的季节变化。地形、土壤和水文地质影响土壤水盐的空间分布。农业生产活动和植被则既影响土壤水盐的空间分布又影响土壤水盐的季节变化。所以,土壤水盐动态的预测预报必须建立在气候预测、地下水预测和农业发展规划的基础上。因此,土壤水盐动态的预测预报是在自然条件预报和未来人为活动预测基础之上的预测预报,是一指标性的预测预报。

施雅风(1995)预测:21世纪上半期,华北地区降水变化方向是增多而不是减少,气候向暖湿方向发展,降雨和温度都会增加。平常人类活动对水资源的干扰要大于气候变化的影响。但在气候快速变化阶段,会有旱涝灾害包括大旱大涝等突发事件的出现。如果这样,水资源短缺趋势难以逆转,水资源开发造成地下水位持续下降。气候变暖湿,则土壤盐渍化不会大面积发生,但水资源短缺,势必要大量引用客水(如南水北调)或者劣质水(咸水或污水)。客水引入造成局部地区和某一季节的地下水位上升和土壤积盐现象,劣质水灌溉造成土壤盐分或其他化学物质的累积。从战略趋势上看,土壤水盐动态取决于水资源状况。未来人为的水管理行为是土壤水盐动态变化的主要原因。由于地下水位上升引起土壤大面积盐化,可能不是主要的问题,主要问题是由水质变劣而导致的土壤盐化。

因此,土壤水盐动态的预测预报实际上可以说是对未来水资源开发、气候变化、农业发展规划的预测,而这些预报涉及面广,随机性亦大,做出完全准确的预测是不可能的。也就是说,无论我们用什么方法去预报未来都只能预报其部分特征和趋势。

土壤水盐状态是农作物生长发育的重要条件之一。农田土壤水盐动态预报是根据农田土壤水盐动态变化规律:①结合有关要素预报和计算出未来某时段、某计划层内的土壤含水量和含盐量;②结合当前农作物正常生长和农田工作正常进行时对土壤含水量和含盐量的要求,说明所预测的土壤含水量和含盐量对农业生产的影响。所以,农田土壤水盐动态预报实际上是由两部分组成,一是土壤水盐状况预报,一是对比农业上对水盐要求的农田水分盐分供应鉴定预报,或称为农作物需水耐盐状况预报。

1.2 土壤水盐动态预报及调控的研究现状

1.2.1 土壤水盐动态预测预报分类

从预报性质上,土壤水盐动态预测预报分为定性预报和定量预报;从预报目的上,分为预警式预报、发展趋势预报和精准农业所要求的数值预报;从预报时段上,分为短期、中期和长期预报。定性预测是对预测对象未来所表现的性质作出推断和估计,如调查研究和经验判断。定量预测是对未来预测对象的发展规模、水平、速度和比例等数量表现进行推算。短期预测是未来两年以内的预测,预报值较精确。中期预测是未来 2～5 年的预测,预报值不太精确。长期预测是未来 5 年以上的预测,只能是轮廓性的估计。

1.2.2 土壤水盐动态预测预报的方法

目前,文献中所记载的土壤水盐动态预报方法,还不能完全把各方面因素都加以考虑。因此,在这种比较复杂的条件下,当今的土壤水盐动态预报方法研究多是采用简化条件,以实际资料为基础,进行统计分析,找出经验关系,建立一些统计方程。土壤水盐动态预测预报模型的研究方法可归纳为如下八种方法:

(1) 土壤发生学方法(Sokolenko,1984):在这一方法中,分析研究土壤演化的性质和历史趋势,并且假定将来发生同样的趋势变化。

(2) 地理相似法(王遵亲等,1993):在这一方法中,分析研究某一地块的灌溉经验,而用于改进其他地区。实际上它隐含了自然条件和水盐动态相似性假设条件。该方法主要是根据已掌握的有关资料,作出定性预报,提出次生盐渍化的可能性。

(3) 专家识别估计法(王遵亲等,1993):由专家评估改良措施的后果,这主要取决于专家的经验和能力。

(4) 水盐收支均衡法(王遵亲等,1993):根据土壤水盐平衡原理,即对一定土体来说,土壤水盐收入和支出的差等于该土体中水盐总量的变化。这一方法最大的优点是能够在田间渗透仪上直接确定蒸发蒸腾和地下水补给速率,然而这一方法只能给出平均意义上的定量预报值,不能用来构造具有相互作用的水盐剖面,更不能确定水分动态和盐分动态的相互关系。

(5) 动力学方法(王馥棠等,1991):即数值模拟方法,是一种强调物理因果关系的推断方法。它是基于土壤过程动力学方程之上,用微分方程描述,并外推预测,是一种确定性的方法,是一种"一一对应"的描述。这个方法通过土壤过程的数学模型模拟和计算机仿真来预报水盐动态及其改良措施。该方法可以应用于任何自然条件,能计算土壤盐分和水分随时间和空间的变化。为了定量研究土壤水盐动态变化过程,就必须建立数值模型。在水盐动态的研究中,数学模型将会起到主要作用,因为只有通过这一途径才有希望进一步了解土壤水盐动态的基本控制作用,为土壤水盐动态的各种调控方案措施进行定量评价,确定合理的人为活动。但是,这一方法还有许多缺陷和不足:其一,数学模拟还不能完全有效地表达所有土壤过程;其二,是边界和初始条件的随机多变性;其三,是参数系数多,且难以确定。目前,数学模型只能用于边界和初始条件比较简单,土壤比较均一的室内和野外试验,还不能广泛应用于田间实际。同时数值模拟方法也只能作短期预报。

(6) 概率统计学方法(王馥棠等,1991):这是一种应用概率统计的基本原理来进行土壤水盐动态预报的方法,是一种"概率对应"或"一多对应"的描述。预测值并不是预测个体的数值,而是群体的数学期望值。这个数是群体随机取值的综合值,不是个体的预测值。具体方法途径很多:回归分析、方差分析主要用于水盐状况与各影响因素之间关系分析;时间序列分析则是就土壤水盐动态的时间序列资料建立时间序列模型。该方法是目前应用最多的方法。动力学方法和概率统计学方法都是定量数值预报。

(7) 遥感技术方法(王馥棠等,1991):随着遥感技术的发展,利用现代化的空间遥感技术,获取大面积与土壤水盐动态相关的信息,通过建立遥感信息与地面观测资料相关对应关系的模型,来预报土壤水盐动态和旱涝灾情。主要用于大面积范围的监测预报。

(8) 动力统计预报方法(严华生,1999;丑纪范,1986):近几年来,该方法在气候模拟和预测中有很大发展,它是动力学方法和统计学方法的结合,这种结合分为外结合和内结合。如集合预报、模糊分析等。

1.2.3 土壤水盐动态预测预报研究现状

土壤水盐动态是在自然和人为等各种因素的影响作用下,在土壤体内随时间的变化和随空间的分布,以及土壤固、液、气三相之间的形态转换的一系列动态变化过程。为了研究土壤水盐动态的变化规律和形成机理,从而采用合理的措施调控水盐动态,使其适应作物生长的要求,人类进行了长期、大量和广泛的研究和实践。

20 世纪 80 年代以来,石元春等(1991a)进行了区域水盐运动监测预报技术的研究工作:在河北曲周试区应用系统分析的方法,对区域水盐运动这个十分复杂的开放系统进行科学分析,采用地下水-土壤两段式测报方法,建立了各子系统及综合系统的预报模型,通过示范和检验,适时地为农田提出了季节性或短期的旱、涝、盐情预报,并初步实现了从信息输入、计算和管理到图幅、数据文件输出的计算机自动化,初步形成了较完整的区域水盐运动监测预报体系(PWS)。该预报体系包括资料监测系统、地下水位和水质的动态预报系统、土壤水分动态预报系统、土壤盐分动态预报系统、系统预报模型的实施和检验以及 PWS 体系的信息系统。PWS 预报体系的建立,基本上概括和汇总了目前水盐动态研究发展的成果,建立和奠定了土壤水盐动态预测预报理论的框架和基础。但是,不足的是还没有达到预报业务服务的程度和精度,不能进行中长期的土壤水盐动态预报。

为了进一步提高预报的精度和实用性,20 世纪 90 年代,杨金忠等(1993)进行了区域水盐预测预报理论和方法的研究,建立了地下水系统和土壤系统的两段式预报模型。模型计算中,首先,进行地下水位预报;其次,将地下水位和矿化度作为土壤水盐运动的下边界条件,以入渗蒸发为上边界条件,利用土壤水盐运动模型,预报土壤水盐动态。该研究将地下水系统视为时变系统和非时变系统,将时间序列分析方法用于地下水位动态预报,充分阐明了时间序列模型用于地下水动态预报的可行性,针对地下水位动态序列的特征,建立了多种时序组合模型。这一研究是对确定性方法和随机性方法结合的有益尝试。

除定量数值预报外,定性预报工作也很多。尤文瑞(1994)提出临界潜水蒸发量的概念,这一概念是临界地下水位概念的发展,提出了以临界潜水蒸发量为预报指标的次生盐渍化预报方法。该预报方法首先通过试验等途径,确定预报地区的临界潜水蒸发量;然后计算出预报地区的实际潜水蒸发量;如果实际潜水蒸发量大于临界潜水蒸发量则可能发生次生盐渍化,如果实际潜水蒸发量小于临界潜水蒸发量则不会发生次生盐渍化;并可根据潜水蒸发量与土壤含盐量的关系预报土壤的含盐量。

方生、陈秀玲(1990)提出了防止土壤次生盐渍化的地下水埋深的临界动态指标:旱季为 2～3m,雨季前为 4～6m,雨季为 0.5～1m。

魏由庆等(1989)根据土体构型、有机质含量、地下水埋深和水质四因子与土壤盐渍化的关系,通过标准化处理,建立了土壤潜在盐渍化预报公式,该公式可进行土壤潜在盐渍化等级的预报。

综上所述,土壤水盐动态研究现状可概括为:①动力学基础是达西定律和混合置换理论;②基本的数学思想是微积分思想和随机概率统计思想;③基本的化学理论是电化学、胶体化学和化学动力平衡理论;④基本的工具是电子计算机和水盐传感监测仪器。

从预测时段上,可分为季节和多年水盐动态;从水盐动态监测规模上,分为土柱、田块、剖面和区域;从研究方法上,可分为土壤调查统计法、定位监测研究法、示踪元素研究法、室内土柱及砂槽试验等方法;从数学分析手段上,可分为数学模型、经验公式曲线、随机统计分析、水盐均衡、灰色系统分析和时间序列分析方法;从监测内容上,由过去的只监测总的含水量和含盐量,发展到测量各种离子组成、植物根际作用;从监测手段上,也由经典的重量法发展到使用负压计、中子仪、时域反射仪(TDR)、水分盐分传感器等各种仪器。

就运动机理描述而言,随着化学、地质、土壤等学科的发展,土壤水盐动态的机理也愈来愈细,愈来愈全面,微观上更微,宏观上更宏,考虑了化学动力平衡、离子代换,提出了可动水体-不可动水体、优先流等各种水分运动的术语来反映土壤水分运动的不均匀性,反映根系吸水的重要作用,并有机地将水、盐、热、汽的多相运移进行耦合研究。

土壤水盐动态研究的主导思想,就是尽可能地利用各种相关的知识表述水盐动态变化机理和规律,应用数学物理方法或统计分析方法建立各种数学模型,针对各种边界条件进行计算机模拟,从而建立精度较高、适用性较强的土壤水盐动态模型。目前,土壤水盐动态研究已进入以定位理论作指导、多种研究方法相结合的时期。规律—模型—预报—调控—设计准则已成为水盐动态及盐渍土改良研究的发展趋势,模型将逐渐取代定律,盐渍土改良将从经验的定性科学渐变为定量科学。水盐运动原理、预测预报理论和优化调控理论的系统综合和交叉将形成合理的、科学的水盐动态调控管理模型。

尽管这些科学研究工作为土壤水盐动态的预测预报奠定了基础,但还没有形成系统的预报理论和方法。和气象预报相比,土壤水盐动态的预报尚不成熟,仍处在酝酿和起步阶段,其监测系统、预报模型、预报体系、预报机构等各个方面都不具备开展正规的业务预报服务的可能性。目前,适用于田间管理的水盐动态模型还不多,特别是符合我国国情、适应中长期预报特色并与多目标规划相结合的水盐动态优化调控管理模型几乎处于空白。

1.2.4 土壤水盐动态调控研究现状

为了防止土壤盐渍化,一般必须使土壤根系层盐分保持平衡。根层盐分平衡方程(Schilfgaarde,1974)为

$$\Delta S = D_r C_r + D_g C_g + D_i C_i + S_m + S_f - D_d C_d - S_p - S_c \tag{1-1}$$

式中,D 为水量(L);C 为盐分浓度(mg/L);S_m 为土壤矿物溶解的盐(mg);S_f 为肥料增添的盐(mg);S_p 为根系层沉淀的盐(mg);S_c 为作物吸收的盐(mg);下标 r,i,d,g 分别代表:降雨、灌溉、排水、地下水补给。

为了将土壤盐分控制在一定的范围内,许多国家和地区的学者做了大量的试验研究工作。实践证明,如果管理适当,而且环境条件适宜时,盐化土壤上也可以获得比较好的收成。目前,已形成了生物盐化概念(biosaline concept)。它的基本内容是在干旱半干旱地区普遍存在的矿化水和不良土壤,应该被视为有用的资源,可用于生产粮食、燃料和药品等。

改良控制盐渍危害,最基本的问题是有关作物对于盐分的反应。水盐生产函数(郭永辰,1992)是作物产量和所用水量和含盐量关系的数学表达形式。Hanks等建立了一个带有渗透势的根系吸水函数(Bresler 和 Hanks,1969;Nimah 和 Hanks,1973;Childs 和 Hanks,1975),Bresler(1981)又对此做了修正,这就是所谓的 Hanks 和 Bresler 模型。求解剖面水分运动方程式、溶质运移方程式和根系吸水函数,再结合相对产量与相对蒸腾量关系则可做产量预报。Bresler(1987)对此模型进行了模拟,但未将作物盐分敏感性应用于模型。van Genuchten(1987)建立了一个水盐运动模型,建议生产函数对基质势的关系可用 S 曲线表达。此后 Cardon 和 Letey(1992a,b,c)比较了以上三个生产模型,在非盐化情况下模拟结果都相似,但 Hanks 模型对盐化反应不敏感,过高地预报了盐化时的产量。而 Hanks 模型对于渗透的模拟却优于 van Genuchten 模型。稍加修改后合并的模型被称作为修正的 van Genuchten-Hanks(V-H)模型(Hoffman et al.,1990)。

张展羽和郭相平(1998)使用 Jensen 模型,建立了作物水盐动态响应模型,分析了模型中各参数的求解方法,并根据试验资料给出了冬小麦不同生育阶段盐分敏感指数 σ_i 和缺水敏感指数 λ_i,为含盐劣质水灌溉管理及农作物高产提供了理论依据。该作物水盐动态响应模型描述了作物不同发育阶段的生长与该阶段土壤水、盐状况的定量关系。其研究为含盐劣质水合理利用提供了新的途径。根据初步试验资料,得出冬小麦需水敏感期为拔节-抽穗期,盐分敏感期为播种-分蘖期和拔节-抽穗期。水分作为溶剂、反应剂和转运剂,在土壤中起着决定性作用。为了估计盐渍化过程向脱盐化过程的转变,在土壤改良学中引入了一些所谓的临界"常数"(鲍罗夫斯基,1974),包括:地下水临界埋藏深度、地下水临界矿化度,其中以前者最为常用。

多年来随着理论和实践的不断深入,人们逐渐认识到临界深度的不确切性,对临界深度的定义和解释也愈加具体,先后提出绝对临界深度、相对临界深度、地下水适宜深度、有效临界深度、允许深度等概念。实际上,盐渍化过程的影响因素很多,而且每个因素是不断变化的。如果从中取出一个因素,就认为该因素是决定盐渍化向脱盐化方向转变的临界因素,这是完全不正确的。"盐渍化-脱盐化"过程究竟向哪个方向发展,其主要影响因素有三个:蒸发强度、入渗强度和潜水流能量。由于这个缘故,很多学者提议研究"临界盐分状况",当处于临界盐分状态时,累积的盐分将开始超过毒害界限。

关于临界盐分动态问题,前苏联学者鲍罗夫斯基(1974)在《盐渍土改良的数量研究法》中进行了比较详细的论述。给出了关于土壤盐分积聚过程取决于系统中垂直水盐交换和水平交换之比值的明确概念。针对所研究的特定的系统和简化模型给出了其比值公式

$$\xi = \frac{q_0 \sqrt{X}}{\sqrt{DV}} \tag{1-2}$$

式中，q_0 为系统入口处的土壤蒸发强度或者入渗强度（cm/h）；X 为水平距离（cm）；D 为溶质扩散系数（cm²/h）；V 为潜水的水平对流速度（cm/h）。

当 $\xi>1$ 时，即在盐分移动过程中垂直运动占优势，其土壤盐渍化危险较大。当 $\xi<1$ 时，潜水流的排水作用占优势，土壤盐渍化危险较小。

但在确定临界深度时，仍沿用水文地质上潜水蒸发经验公式

$$A_{临界} = \sqrt{a\ln\frac{q_0}{q_{临界}}} \tag{1-3}$$

式中，q_0 为系统入口处的土壤蒸发强度（cm/h）；$q_{临界}$ 为系统入口处的临界土壤蒸发强度（cm/h）；$A_{临界}$ 为地下水临界深度；a 为与土壤性质有关的参数。

美国比较注重灌溉水对土壤水盐的调控作用。美国盐碱土研究室 1954 年提出的淋洗系数 LR（Schilfgaarde，1974）的有关理论及计算方法，至今仍广泛应用，其简化形式可写为

$$D_i C_i = D_d C_d \tag{1-4}$$

$$LF = \frac{D_d}{D_i} \approx LR = \frac{C_i}{C_d} \tag{1-5}$$

式中，LF 为排水率；LR 为淋洗系数；D_i 为灌溉水的深度（cm）；C_i 为灌溉水的盐浓度（mg/L）；D_d 为从根区排出的水的深度（cm）；C_d 为从根区排出的水的盐浓度（mg/L）。

式（1-5）没有考虑降雨量、土壤的盐沉淀、作物吸收盐及肥料应用等因素影响。当将土壤含盐量控制在一定限度之内时，式（1-5）可用于确定所需的灌溉水量；这些因素影响较大时，则需要作修正。

干旱和半干旱地区的灌溉排水实践表明，为了合理地运用现有的灌溉系统，防止土壤次生盐渍化，必须采用合理的水盐控制措施，只有对水盐动态过程有一个全面的了解，并结合适当的预测和控制方法才有可能有效地利用水土资源，使农业持续稳定发展，而不致引起土壤的退化、土地的破坏和水质的恶化。扩大灌溉必须对潜在盐化和碱化过程给予足够的重视。

我国的土壤水盐动态调控是随着盐渍土改良的发展而发展的。20 世纪 60 年代初期，为了治理因大面积发展引黄自流灌溉和平原蓄水而引起的土壤次生盐渍化，开始重视土壤水盐动态调控的研究，采用水利、生物、化学、耕作等各种方法改良利用盐渍土。如水平排水、井灌井排、河井双灌、耐盐作物的培育和增施有机质等改良措施。目前，在盐碱地改良领域一致公认"因地制宜，综合治理"的防治调控原则。水利措施和农业生物措施相结合的灌排措施取得了突破性的进展。但是我们改良利用盐碱地的技术体系和经验尚未臻于完善，理论与实践脱节，有待通过理论上的深入探讨，在生产实践上的不断充实提高，使之达到公认的科学理论高度（王遵亲等，1993）。

第1章 绪 论

1.3 研究内容和技术路线

1.3.1 研究内容

通过对这一领域的研究方法、研究现状、研究成果、理论基础、数学思想、研究规模、研究工具的系统总结,从而明晰了土壤水盐动态研究的主导方向。

根据土壤水盐运动研究中存在的主要问题,以节水为原则,抓住地下水开采、农田灌溉排水和种植制度这三大主要人为干扰因素,也就是可调控因子,与自然气象、地质体相叠加,研究主要农作制度下的土壤水盐动态和地下水动态的变化规律,找出最佳的调控管理措施即人为干扰方案,使得土壤永续利用,满足可持续发展的要求是本书的主要任务。

本书主要研究内容分为四部分(图1-1):土壤水盐动态与影响因素的关系、土壤水盐运动机理、土壤水盐动态中长期预报理论和模型、土壤水盐动态优化调控管理模式。首先从因素分析入手,然后进行土壤水盐运动机理和水盐动态过程演变规律研究。将这一规律用土壤水盐动态模型来描述。根据模型,结合预测预报理论,进行土壤水盐动态的长期、中长期预报。根据水盐生产函数和优化指标,应用优化调控理论提出可持续利用的优化调控方案。

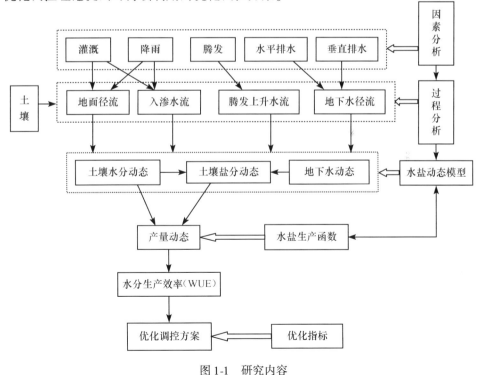

图1-1 研究内容

1.3.2 技术路线

以河南封丘、山西太原、大同和永济等地多年的水盐动态观测资料为基础,采用物理土柱模拟与计算机模拟相结合的方法,通过对土壤水盐动态及其影响因素的监测分析,研究土壤水盐动态的变化规律和形成机理,借鉴气候预测理论和方法,综合应用土壤溶质运移、水文地质、农田灌溉及盐渍土改良研究方法,建立土壤水盐动态中长期预测预报的理论和模型;在此基础上,建立多目标优化调控模型,为农业生态建设及水土资源的合理利用提供科学依据。研究技术路线见图1-2。

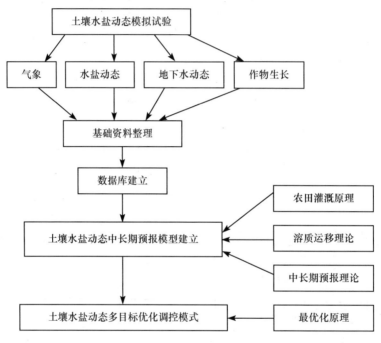

图1-2 技术路线框图

第 2 章 土壤水盐动态与其影响因子关系研究

土壤水盐动态是大量的自然因素和人为因素影响下的复杂的自然现象,自然因素包括:地质地貌、水文地质、水文、水化学、土壤、植被和气候等;人为因素包括:灌溉、排水、施肥和耕作管理等。各种因素及其不同组合形式决定了不同的土壤水盐动态变化规律,这些因素可概括为四大类:气候因素、地学因素、植被因素、人为因素。其中地学因素是水盐运动的基础,是水盐运动的介质条件,气候、植被和人为因素通过地学因素,联合作用于水盐运动系统。

2.1 土壤水盐动态因素试验

2.1.1 土壤水盐动态模拟试验

2.1.1.1 试验设备

为研究土壤水盐动态与其影响因子的关系、建立土壤水盐动态模型,中国科学院南京土壤研究所封丘农业生态试验站土壤水盐动态模拟实验室进行了土壤水盐动态长期模拟试验。

土壤水盐动态实验室分为计算机房和地下室两部分。地下室安装有 30 个圆柱形模拟土柱或称地中蒸渗仪(lysimeter),其平面示意图见图 2-1。

地中蒸渗仪是实地测量农田蒸散量、地下水蒸发量和降雨(或灌溉)入渗补给地下水量的仪器设备。目前国际通用的蒸渗仪可归纳为两种类型:一种是地下水均衡场用的渗漏式潜水蒸发筒,另一种是称重式农田蒸发器。本设备属第一种类型。该试验设备为土壤水盐动态、四水转化规律及土壤溶质运移规律等土壤基础理论的研究以及土壤水盐动态的预测预报等研究工作提供了先进的手段。

土柱横截面积为 3000 cm^2。土柱中所装土样均为性质一致的扰动土,其初始

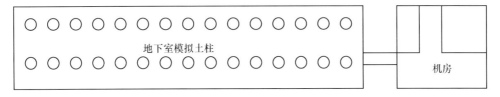

图 2-1 土壤水盐动态模拟实验室平面示意图

含盐量和机械组成分别列于表2-1和表2-2(孟繁华,1995)。均按1.5g/cm³的容重分层(每层5cm厚)均匀装填。土柱不同深度(表2-3)安装有水分、盐分传感器,用以监测土壤水盐动态。传感器插入土体的深度为7cm。

表2-1 供试土样含盐量及离子组成

土样	pH	电导率/(mS/cm)	全盐/(g/kg)	阴离子/(cmol/kg)					阳离子/(cmol/kg)			
				CO_3^{2-}	HCO_3^-	Cl^-	SO_4^{2-}	NO_3^-	Ca^{2+}	Mg^{2+}	K^+	Na^+
黏土	8.18	0.083	0.29	—	0.26	0.02	0.03	—	0.12	0.06	0.02	0.09
粉砂壤土	8.02	0.361	1.32	—	0.72	0.31	0.42	—	0.23	0.18	0.05	0.96

表2-2 供试土样的机械组成

土样	各级颗粒含量百分比/%					黏粒<0.001mm	物理性黏粒<0.01mm
	1~0.25 mm	0.25~0.05 mm	0.05~0.01 mm	0.01~0.005 mm	0.005~0.001 mm		
黏土	0.7	7.6	17.3	11.4	26.7	36.3	74.4
粉砂壤土	0.4	27.9	55.3	2.7	3.4	10.3	16.4

表2-3 传感器安装深度及编号 (单位:cm)

土柱号	10	20	45	70	100	130	160	190	220	250	280
1	30	1	2	3	4						
2	29	1	2	3	4						
3	28	1	2	3	4						
4	27	1	2	3	4	5	6				
5	26	1	2	3	4	5	6				
6	25	1	2	3	4	5	6				
7	24	1	2	3	4	5	6	7	8		
8	23	1	2	3	4	5	6	7	8		
9	22	1	2	3	4	5	6	7	8		
10	21	1	2	3	4	5	6	7	8	9	
11	20	1	2	3	4	5	6	7	8	9	
12	19	1	2	3	4	5	6	7	8	9	
13	18	1	2	3	4	5	6	7	8	9	10	11
14	17	1	2	3	4	5	6	7	8	9	10	11
15	16	1	2	3	4	5	6	7	8	9	10	11

2.1.1.2 试验处理

根据当地土壤质地、剖面特征及地下水位常年变化情况,设计三种不同的土体剖面构型:全剖面粉砂壤土、粉砂壤土剖面中30~60cm为黏土夹层、粉砂壤土剖面中上部0~100cm为黏土层。每种土体剖面土柱都设有5种不同的地下水埋深,分别为1.0m、1.5m、2.0m、2.5m、3.0m,且为常年定水头不变。全部处理共15个土柱,编号为1~15。另有15个土柱,编号为16~30,在1~15土柱上种植作物,在16~30号土柱上不种植作物。其中,在1989~1993年,16~30土柱用人工雨棚遮挡,不受天然降雨影响;之后,所有土柱均无遮挡。试验期间各土柱通过马廖特瓶控制地下水位、测量潜水蒸发量。1996年以前补充水由氯化钠和硫酸钠人工配制矿化度为3g/L的水;之后,补充水为当地地下水,其矿化度在1g/L左右。在4、10、13、18、21、27号土柱装有中子仪测水导管。

2.1.1.3 长期观测项目

长期观测从1989年8月开始,观测项目与时间如下:
1)每天8时、18时马廖特瓶观测潜水蒸发量;
2)每天8时、18时径流瓶观测降雨(或灌溉)产生的地面径流量;
3)每天8时、18时渗漏瓶观测降雨(或灌溉)入渗补给地下水量;
4)计算机数据自动采集系统每5天监测1次各土柱不同深度土壤电导率和水分张力;
5)每天20时观测水面蒸发量、降雨量;
6)作物产量及其生长状况。
7)每5日用中子仪观测4、10、13、27、21、18号土柱的水分状况。

在2000年4月~2001年10月试验期间,1~15号土柱连茬种植棉花-小麦-玉米,16~30号土柱裸露。同时定期测定表层土壤盐分。其他观测项目同上。

2.1.1.4 土壤水盐动态模拟试验数据库管理系统

为对土壤水盐动态模拟实验的有关基本数据统一存储、管理、计算、统计、分析、应用,建立了土壤水盐动态模拟试验数据库。

该数据库管理系统是应用Access2000关系型数据库系统建立的,分为土壤水盐动态、气象观测资料、地下水均衡观测资料、试验设计处理资料四大类型的基本数据。考虑到检索查询、数据输入、报表输出和应用程序对数据的调用方便,该数据库管理系统具有数据查询、分析报表、动态曲线绘制三大功能,能与土壤水盐动态模型、统计分析、时间序列分析等应用程序相链接。其数据库逻辑结构分为四个层次:一是原始基本资料,二是按旬、月、年及土层特征深度对基本资料的初步整理汇总,三是水盐动态曲线分析,四是动态模型、因子分析等应用程序。该系统可视为一个松散的耦合系统,其逻辑结构如图 2-2 所示。

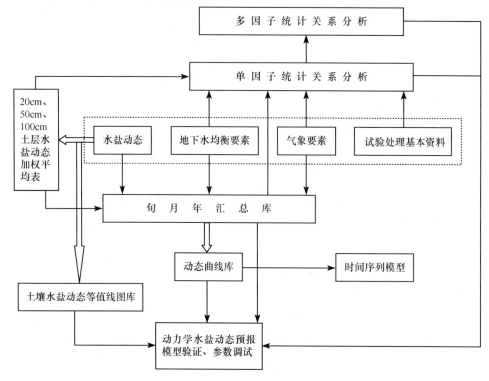

图 2-2 数据库管理系统的逻辑框图

其中,水盐动态库为 30 个土柱每个传感器每 5 日一次的水盐动态资料,字段包括日期、时间、电导率、含盐量、负压、含水量;气象资料库为逐日气温、水面蒸发量和降雨等;地下水均衡数据库为各土柱的地下水蒸发量、渗漏量、径流量;试验设计处理(参数)资料库包括水分特征曲线、盐分特征曲线、溶质穿透曲线、饱和含水量、最小含水量、饱和导水率、淋洗系数、盐分迁移系数、优先流系数等参数,各土柱地下水埋深、传感器埋设位置等。

对于原始资料和年、月、旬及土层深度(0~20cm、20~50cm、50~100cm)汇总生成库,可按土柱号(或试验条件)、年、月、旬、日、土层深度进行数据的查询、检索以及数据透视分析和报表输出,与 Excel 相连绘制各水分传感器、盐分传感器、潜水蒸发量、降雨入渗量、径流量、水面蒸发量、降雨量动态过程曲线,与统计分析软件相连绘制各土柱的水盐动态等值线图,与土壤水盐动态模型、统计分析、时间序列分析等应用程序相链接,进行影响因素分析、水盐动态模型的参数寻优和验证。

2.1.1.5　2000~2001年度土壤水盐动态模拟试验结果

2000年度各土壤水盐动态模拟土柱棉花试验结果表明,棉花产量受地下水埋深和黏土夹层厚度的影响。同一土体构型条件下,棉花产量和干物质量随地下水埋深的增加呈凸型变化曲线,存在极大值即最佳地下水埋深(表2-4,图2-3和图2-4)。全剖面粉砂壤土柱中,地下水埋深为2.5m时,干物质量最大;地下水埋深为3m时,棉花产量最高。30cm黏土夹层土柱中,地下水埋深为2.5m时,棉花干物质量和产量都为最高。100cm黏土夹层土柱中,地下水埋深为1.5m和2m时,干物质量一样为最大;地下水埋深为2.5m时,棉花产量最高。三类土体构型中,地下水埋深为2.5m时,30cm的黏土夹层土体构型的棉花产量最高。

表2-4　棉花产量及干物质量试验结果表

地下水埋深 /m	黏土层厚度/cm					
	0	30	100	0	30	100
	棉花产量/(kg/hm²)			棉花干物质量/(kg/hm²)		
1.0	3 000	1 167	3 000	7 167	5 167	6 167
1.5	1 500	5 000	5 500	5 000	6 000	11 000
2.0	4 167	5 333	6 333	7 833	7 667	11 000
2.5	4 333	7 833	6 500	13 333	11 000	10 167
3.0	5 000	5 666	5 000	6 667	5 167	4 333

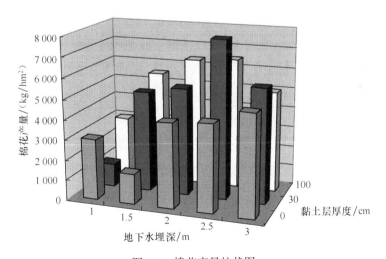

图2-3　棉花产量柱状图

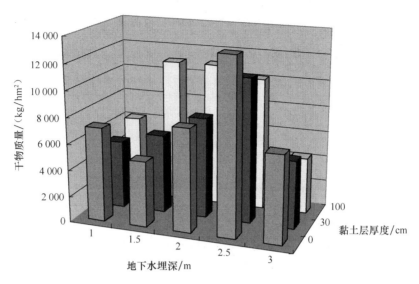

图 2-4　棉花干物质量柱状图

表 2-5　棉花籽棉产量回归分析结果

回归统计					
多元回归系数 R	0.843 473 757				
R^2	0.711 447 979				
调整后的 R^2	0.596 027 17				
标准误差	1 162.029 314				
观测值	15				
方差分析					
	df	SS	MS	F	显著性 F
回归分析	4	33 293 020	8 323 255	6.163 949	0.009 116
残差	10	13 503 121	1 350 312		
总计	14	46 796 141			
	系数	标准误差	t	P	<95%	>95%
截距	-5 110.533 333	2 700.312	-1.892 57	0.087 69	-11 127.2	906.138
地下水埋深	7 926.552 381	2 900.089	2.733 21	0.021 077	1 464.751	14 388.35
地下水埋深平方	-1 587.238 095	717.220 1	-2.213 04	0.051 296	-3 185.3	10.828 07
黏土层厚度	59.514 571 43	33.533 03	1.774 805	0.106 32	-15.201 7	134.230 8
黏土层厚度平方	-0.428 485 714	0.311 058	-1.377 51	0.198 4	-1.121 57	0.264 595

棉花产量与地下水埋深及黏土层厚度的多项式回归关系如表 2-5 中列,回归方程式如下

第2章 土壤水盐动态与其影响因子关系研究

$$y = -5110.53 + 7926.55x_1 - 1587.24x_1^2 + 59.51x_2 - 0.43x_2^2 \qquad (2\text{-}1)$$

对上述方程偏导求极值,得最佳地下水埋深为2.5m,最佳黏土层厚度为70cm。

棉花干物质产量与地下水埋深及黏土层厚度的多项式回归关系如表2-6中列,回归方程式如下

$$y = -11\,113.2 + 22\,127.0x_1 - 5166.5x_1^2 + 11.1x_2 + 0.1x_2^2 \qquad (2\text{-}2)$$

对上述方程偏导求极值,得最佳地下水埋深为2.14m,最佳黏土层厚度为65.3cm。

表2-6 棉花干物质量回归分析结果

回归统计					
多元回归系数 R	0.767 154 267				
R^2	0.588 525 67				
调整后的 R^2	0.423 935 937				
标准误差	2 598.268 203				
观测值	15				
方差分析					
	df	SS	MS	F	显著性 F
回归分析	4	96 558 524	24 139 631	3.575 713	0.046 504 992
残差	10	67 509 977	6 750 998		
总计	14	164 068 501			
	系数	标准误差	t	P	<95%	>95%
截距	-14 413.2	6 037.83	-2.387 15	0.038 144	-27 866.325 2	-960.075
地下水埋深	22 126.971 43	6 484.526	3.412 273	0.006 633	7 678.545 697	36 575.4
地下水埋深平方	-5 166.476 19	1 603.686	-3.221 63	0.009 15	-8 739.711 78	-1 593.24
黏土层厚度	11.135 142 86	74.979 01	0.148 51	0.884 892	-155.928 52	178.198 8
黏土层厚度平方	0.082 828 571	0.695 518	0.119 089	0.907 563	-1.466 881 84	1.632 539

2.1.2 微区咸水灌溉试验

土壤水盐动态模拟试验土柱为无灌溉条件试验,为了研究灌溉制度对土壤水盐动态的影响,2000~2001年度布置了微区咸水灌溉试验。

2.1.2.1 试验因素和试验水平

采用正交试验进行多因素多水平设计。试验因素有灌溉水矿化度、灌水次数、灌水量、有机肥施用量。2000年种植棉花,由于雨水偏多,设计灌溉只实施两次,分别在天气干旱的现蕾盛期6月12日和花铃盛期8月27日灌水。表2-7为试验因素位级表。

表 2-7 棉花试验因素位级表

灌水矿化度/(g/L)	1	3	5
灌水量/(m^3/hm^2)	450	675	900
灌水次数	1	2	0
有机质/(kg/hm^2)	28 020	56 040	84 060

2.1.2.2 试验方案和观测方法

试验设 15 个处理(表 2-8),3 个重复,共 45 个微区,作物为棉花-小麦-玉米连茬,与土柱模拟试验一样。小区面积为 1783cm^2。小区为 1.5m 深的圆形水泥管,下不封底,管壁用塑料布防止侧渗。由中子水分测定仪进行水分动态测定,观测深度为 20cm、40cm、60cm、80cm、100cm、120cm;由盐分传感器进行盐分动态测定,观测深度为 20cm、50cm。从 2000 年 4 月下旬开始观测,测定时间为每月的 5 日、10 日、15 日、20 日、25 日、30 日。

表 2-8 棉花试验实施方案

试验方案	试验因素			
	灌水次数	灌水量/(m^3/hm^2)	灌溉水电导率/(dS/m)	有机质/(kg/hm^2)
1	0			28 020
2	0			56 040
3	0			84 060
4	1	1(450)	2(6)	56 040
5	1	2(675)	3(9)	84 060
6	1	3(900)	1(3)	28 020
7	1	1(450)	1(3)	84 060
8	1	2(675)	2(6)	28 020
9	1	3(900)	3(9)	56 040
10	2	1(450)	1(3)	56 040
11	2	2(675)	2(6)	84 060
12	2	3(900)	3(9)	28 020
13	2	2(675)	1(3)	84 060
14	0			56 040
15 不种不灌				

4 月 26 日播种棉花后,进行了作物生长状况、生育阶段的观测,观测项目包括株高、果枝、开花、花铃、吐絮等生育指标,以及施肥、喷药、锄草等农田管理项目。农田管理水平与当地水平一致。表 2-9 给出了棉花灌水时间和生育期。

第2章 土壤水盐动态与其影响因子关系研究

表 2-9 棉花生长和灌水时间

时间	4月26日	5月3日	6月18日	7月4~15日	9月21日	10月16日	合计
生育期	播种	出苗	蕾期	开花	开始吐絮	收获	174天
灌水时间				6月12日	8月27日		

2.1.2.3 试验结果

试验结果可由土壤电导率、棉花产量、干物质产量等指标表征。因为本试验是采用正交试验设计的多因素多指标试验,需对上述单项指标进行加权计算出综合指标(表2-10),再用综合指标进行因素主次和方案优劣分析(表2-11)。从棉花产量直接看,不灌水的1区和2区产量最高,不灌水的2区和灌水2次的10区干物质最重。从试验因素看,以灌水量作用最大,灌溉水电导率作用其次,有机肥作用微弱。灌水量越小越好,灌水电导率越小越好,灌水次数越少越好,有机肥适中最好。这一试验结果是由于2000年为丰水年所致;从作物受涝状况,以及随后棉铃脱落情况看,由于地下室模拟土柱没有灌溉,棉花苗期长势不如微区好;而大雨过后,由于模拟土柱排水条件好,反而长势好于微区。由此表明排水的重要性,灌溉排水有机结合是农业稳产高产的保证。

表 2-10 微区棉花咸水灌溉试验结果

试验方案	试验因素				试验结果				综合指标
	灌水次数	灌水量 /(m³/hm²)	灌水电导率 /(dS/m)	有机质 /(kg/hm²)	产量 /(kg/hm²)	干物质 /(kg/hm²)	20cm土壤电导率 /(dS/m)	50cm土壤电导率 /(dS/m)	
1	0			29 888	6 824	27 575	0.93	1.76	64
2	0			59 776	6 637	34 287	0.99	2.19	70
3	0			89 664	4 393	27 388	0.63	2.03	24
4	1	1(450)	2(6)	59 776	4 113	27 482	0.86	1.58	21
5	1	2(675)	3(9)	89 664	4 300	31 744	1.31	2.18	26
6	1	3(900)	1(3)	29 888	3 552	28 155	0.90	3.19	4
7	1	1(450)	1(3)	89 664	5 422	27 201	2.54	3.09	25
8	1	2(675)	2(6)	29 888	3 832	29 557	1.45	2.31	13
9	1	3(900)	3(9)	59 776	3 365	30 006	1.79	2.05	5
10	2	1(450)	1(3)	59 776	3 459	34 025	0.86	1.87	20
11	2	2(675)	2(6)	89 664	3 178	29 538	1.85	2.05	1
12	2	3(900)	3(9)	29 888	3 646	26 640	1.84	3.17	2
13	2	2(675)	1(3)	89 664	5 141	31 034	1.13	1.76	41

续表

试验方案	试验因素				试验结果				综合指标
	灌水次数	灌水量 /(m³/hm²)	灌水电导率 /(dS/m)	有机质 /(kg/hm²)	产量 /(kg/hm²)	干物质 /(kg/hm²)	20cm土壤电导率 /(dS/m)	50cm土壤电导率 /(dS/m)	
14	0			59 776	4 206	31 221	1.47	1.89	24
15(裸地)							1.47	1.23	4
对照(不灌不施肥)					5 983	22 808			56
权重					0.6	0.2	0.1	0.1	1

注:综合指标 = ∑[(单项指标 − 单项指标最小值)/(单项指标最大值 − 单项指标最小值)×权重]%。

表 2-11 试验结果因素分析表

次灌水量 /(m³/hm²)	综合评分	水质电导率 /(dS/m)	综合评分	灌水次数	综合评分	有机质 /(kg/hm²)	综合评分
CK	4.39	CK	4.39	CK	4.39	CK	4.39
0	47.41	0	47.41	0	47.41	28 020	20.67
450	21.76	3	22.52	1	15.56	56 040	27.91
675	20.19	6	11.47	2	15.99	84 060	23.39
900	3.75	9	10.94	极差	31.85	极差	7.24
极差	43.66	极差	36.47				

注:综合评分 = (∑综合指数)/(同一试验因素同一试验水平的试验数)。

2.2 土壤水盐动态影响因子

2.2.1 土壤水盐动态与气象因子

一个地区的土壤水盐状况是由当地气候、地形、土壤、植被和农业生产活动等诸因素综合决定的。但相对来说,气候因素对土壤水分变化的影响最大。不同的气候条件,形成不同的水盐运动规律。气候条件中尤以降雨和蒸发的影响最大。

2000 年河南省封丘地区为丰水年,全年降雨量 964.3mm,7 月份降雨量最大,为 496.3mm,9 月份降雨量为 207mm,7 月和 9 月两个月的降雨就占到全年降雨的 73%,7 月降雨占全年降雨的 51.5%。而其他月份降雨却很少,5、6、8 月份的干燥度分别为 4.8、2.5、4.0。2001 年 3~6 月 100 多天无有效降雨,是有史以来最旱的年份,从 2000

年4月到2001年6月是典型的旱涝旱交替出现的年份。蒸发强度最大出现在6月中旬,日蒸发量最大达到11.4mm,降雨强度最大出现在7月上旬,日降雨最大达211.8mm。棉花生长期为4月26日~10月16日,共174天。棉花生育期降雨量为809.1mm,E_{20}水面蒸发量为765.85mm,降雨量大于蒸发量,干燥度为0.947,跨越了年内最旱和最涝的月份。图2-5和图2-6分别为2000年蒸发量与降雨量柱状图。

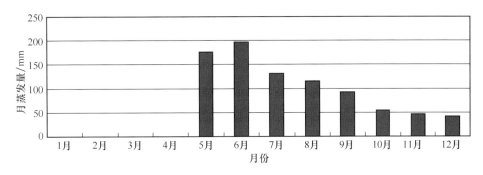

图2-5　2000年月蒸发量

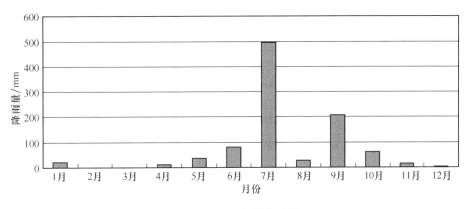

图2-6　2000年月降雨量

2.2.1.1　土壤水分动态与降雨、蒸发动态

土壤水分与降雨和蒸发因子关系密切。从微区土壤水分动态曲线(图2-8含水量曲线,图2-14,图2-15)可以看出,2000年度土壤含水量的波动幅度较大,降雨对土壤水分状况有脉冲性抬高作用,7月上中旬、9月下旬土壤水分大,6月底7月初、8月及9月上中旬土壤水分最低,同一剖面土壤上层水分小于下层水分,上层水分动态波动大于下层水分动态波动。土壤下层平均含水量较高而且稳,波动幅度小,上层平均含水量小且波动幅度大。多年土壤含水量基本保持动态平衡,无明显的增减趋势。

随气象作用的季节性周期变化,土壤水分动态也呈现出不同的阶段(王馥棠

等,1991)。封丘地区可分为如下几个阶段:

第一阶段,土壤水分增蓄(或底墒形成)阶段。此阶段一般始于7月上旬终于9月中旬,与当地的雨季相吻合。雨季内降雨充沛,农田土壤水分收入大于支出,致使土壤表现为整个层次(一般指0～100cm)含水量显著增加;0～50cm土层平均每日可增墒5mm左右;土层内水分从上向下移动,最高湿度值出现在50cm以下。

第二阶段,土壤水分缓慢耗损阶段。一般始于9月下旬终于11月中旬。此时秋季风小,气温逐步下降至12～16℃,但仍有少量降水天气,因此土壤水分变化一般比较平稳,土层水分损耗小,0～50cm土层内平均日失墒率多在0.3～0.6mm之间。

第三阶段,土壤水分内部调整阶段。一般始于11月下旬终于2月中下旬。这时气温急剧下降,土壤冻结。除表层0～20cm土层由于冻融和冬季大风的影响仍有少量失墒外,20～100cm土层内水分损耗很小。由于上下层水分向冻结层集聚,致使含水量最多层不在50cm以下,而在30～40cm之间。一般气候年型,上述三个阶段内土壤水分供求矛盾不大。只有在秋旱年份,土壤含水量才影响秋播。

第四阶段,土壤水分损耗阶段。对于北方大部分地区而言,这是土壤水分严重短缺的阶段。这一阶段又可分为返浆阶段和急速失墒阶段。

返浆阶段。2月下旬至4月初。此时气温回升到零度左右。土壤分别从冻结上层和下层解冻。在气温变化的作用下,土壤表层日消夜冻。在冻土溶解过程中,冻土层内冬季凝聚的过多水分融化后,在紧靠地表的土层中,土壤含水量将超过田间持水量,表现为泥泞状态。这就是所谓的"返浆"。当温度进一步升高,整个土层解冻后,通过上蒸下渗,土壤水分下降,这就是所谓的"撒浆"过程。由于此时温度不太高,故在撒浆后的一段时间内,变化不大。返浆阶段的长短和强度,随冻土层厚度变化,封丘地区冻土层仅为20～30cm,因此,这一现象并不明显。

急速失墒阶段。4月初至6月初。这一阶段,墒情由相对稳定转入急速丢失,干土层很快加厚,这与气象条件的急剧变化相对应:从4月初开始,天气少雨而多风,空气干燥,土壤蒸发强烈。如果遇上干旱年份,这个阶段可一直延续到6月下旬而得不到一点缓解。2001年就是如此,有100多天无有效降雨,不过到后期由于土壤墒情水平很低,干土层厚度已相当厚,相应失墒速率也变小了,墒情则在低水平上处于相对稳定。这一阶段正是春播作物播种出苗和夏熟作物大量需水阶段,因此是土壤水分供求矛盾非常尖锐的阶段,灌溉也是必需的。

2.2.1.2 土壤盐分动态与气象动态

从图2-7可看出土壤盐分动态与降雨和蒸发的相对关系。电导率在时间动态变化上受气象因素影响明显,电导率动态变化表现出随干湿季节变化的明显特征。2000年度,20cm和50cm土层电导率总体上都呈波动下降趋势;蒸发强烈的6月中下旬和9月20日左右出现两次峰值;随后降雨则使电导率下降,降雨对电导率有

第2章 土壤水盐动态与其影响因子关系研究

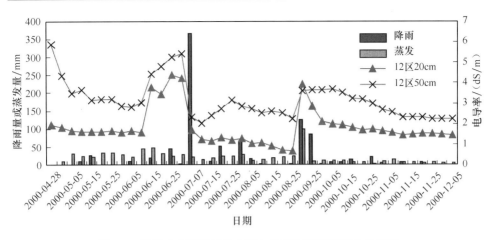

图 2-7 微区咸水灌溉试验土壤电导率与降雨和蒸发关系图

脉冲性降低作用。50cm 土层电导率大于 20cm 土层电导率,波动变化剧烈程度低于 20cm 的波动剧烈程度,且有些滞后现象。

石元春(1983,1991a,b)提出的季风气候条件下的水盐运动理论精辟地阐述了黄淮海平原的土壤水盐动态与气候条件的关系。受年内旱季雨季的周期性变化和土壤水分运动变化的影响,年内盐分动态可分为如下五个阶段:

第一阶段为春季强烈上升阶段。干燥度最高,水盐强烈上升,随着反馈作用的增强,而上行运动逐渐减弱;

第二阶段为初夏稳定阶段。在地下水埋深继续加大和反馈作用的强烈抑制下,水盐上行运动很弱或近于停止;

第三阶段为雨季下行阶段。下行运动强度决定于雨量、雨型和地下水位上升的反馈作用;

第四阶段为秋季上行阶段。干燥度不高,但地下水位高,上行速度有时不低于春季;

第五阶段为冬季冻结稳定阶段。水分以气态形式向上层转移凝结,但数量有限。盐分上行运动近于停止。

2.2.1.3 土壤水分动态与盐分动态关系

土壤水分动态与土壤电导率动态的高峰与低谷值正好相反(图 2-8):电导率高含水量低,电导率低含水量高。这一现象说明土壤电导率受土壤含水量的影响很大,土壤水分过低会急剧抬高土壤电导率。土壤电导率并不能完全表示全盐累积情况。为此,我们引入下式把土壤水分动态和盐分动态统一起来

$$S = \delta \times EC \times \theta \tag{2-3}$$

式中,δ 为经验性比例系数。

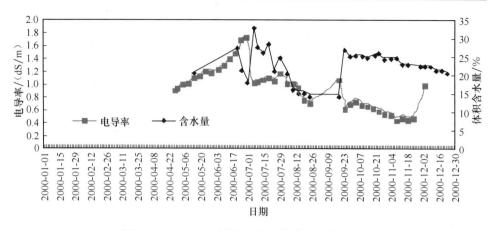

图 2-8　1 区 20cm 电导率、含水量动态变化对比图

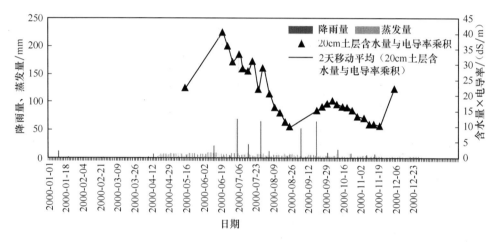

图 2-9　微区咸水灌溉试验 1 区土壤盐分变化与气象条件关系对比图

从图 2-9 可以看出,其规律性要比分隔的水盐动态强,年内有两个积盐-脱盐过程,6 月 20 日以前的积盐过程和 6 月 20 日~8 月 25 日的脱盐过程、8 月 25 日~10 月 5 日的积盐过程和 10 月 5 日~11 月 20 日的脱盐过程,秋季过程低于春夏过程。用土壤含水量与电导率的乘积这一指标表示土壤水盐动态,使其更简化单一,宜于建模。某种意义上,含水量与电导率的乘积表示了土壤的全盐量。

2.2.1.4　土壤水、盐、潜水蒸发动态变化规律

从 1989~1996 年各土柱土壤水盐动态、潜水蒸发多年动态可以看出,其随时间演变过程与气象因素的演变规律相似,呈现出季节性的周期变化规律。离地表愈近波动愈大,与气象因素关系愈密切。从 1 号土柱盐分动态图(图 2-10)可以看

出,土壤水盐状况,可以分解为趋势项、周期项和随机项。从趋势看,经过2～3年的积盐过程,土体盐分在一个新的水平上呈动态周期平衡。其表层电导率已相当高,在25dS/cm上下波动。

土壤水分年内季节性波动大、年际波动小,无明显多年累积增减趋势(图2-11),而土壤盐分有明显的年际变化趋势(图2-10),但年内水分波动频率高于盐分波动频率,盐分波动滞后于土壤水分波动。

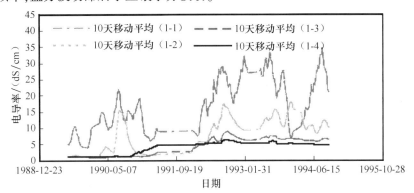

图2-10　模拟试验1号土柱各盐分传感器电导率实测过程线

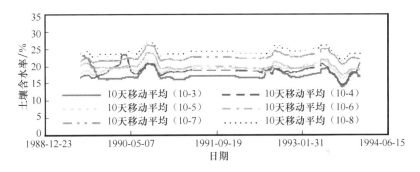

图2-11　模拟试验10号土柱土壤水分动态

潜水蒸发的波动规律(图2-12,图2-13)类似水面蒸发动态,两者相关性极好。因此从大的范畴考虑,地下水—土壤系统应属于气候系统。土壤水盐动态预报属于气候预报的延伸和扩展。其预报方法也应借鉴气候预测的方法。

2.2.2　土壤水盐动态与植被条件

植被对土壤水盐动态的影响主要是植物根系的吸收作用,其次是根系的穿透作用和植被冠层的覆盖作用。根系的穿透作用使土壤中分布大小不等的孔隙,可加强降雨的入渗和淋盐作用。植被冠层的覆盖作用,一方面对降雨有截留作用,另一方面减少棵间土壤蒸发。

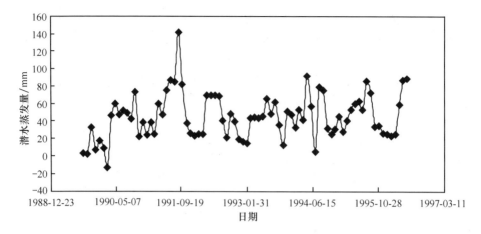

图 2-12　模拟试验 1 号土柱潜水蒸发量实测过程线

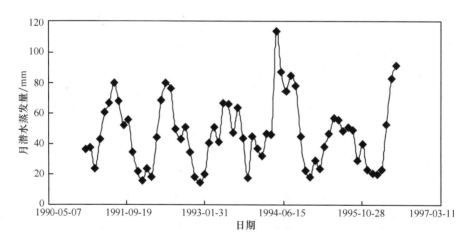

图 2-13　模拟试验 30 号土柱潜水蒸发量实测过程线

植物根系是土壤中重要的活的有机体。其吸收功能决定着土壤水盐的消耗、运移和转化速率。根系的吸收作用造成土壤水分的消耗和盐分向根际的运动,同时作物本身也吸收一定量的盐分,使盐分在植物体内不断累积。植物根系吸收作用的强弱是随植物种类、生长季节、长势、覆盖度、叶面积指数而变化的。植物根系的吸收作用同时还受土壤水盐动态的反馈作用。

2.2.2.1　土壤水分动态与植被

从图 2-14 和图 2-15 可明显看出植被对土壤水分动态的影响:有植被的水分动态波动大于无植被的波动,有植被的水分值小于无植被的水分值,且有植被的土层水分与植物生长阶段有关,8 月中旬至 9 月下旬棉花生长旺期两者差别更大,此时,无植被 20cm 土层水分为 25% 左右,有植被 20cm 土层水分为 15% 左右。

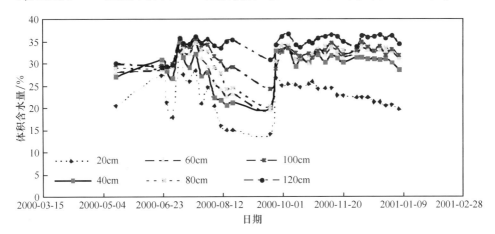

图 2-14　微区咸水灌溉试验 1 区(有植被无灌溉)水分动态曲线

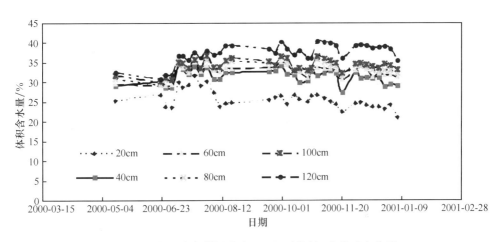

图 2-15　微区咸水灌溉试验 15 区(无植被)水分动态曲线

2.2.2.2　土壤盐分动态与植被

从盐分动态图(图 2-16,图 2-17)可以看出,无植被覆盖时,20cm 土层电导率高于 50cm 土层电导率;种植作物的 20cm 电导率低于 50cm 的电导率。但有植被覆盖时则 50cm 电导率高于 20cm 的电导率。在 7 月份 20cm 电导率变化不大时,而 50cm 的电导率却有一个峰值。全生育期 20cm 土层电导率出现两个峰值,50cm 土层电导率出现三个峰值。这一心土层聚盐现象可以解释为根系吸水聚盐和降雨淋盐的不彻底性作用。

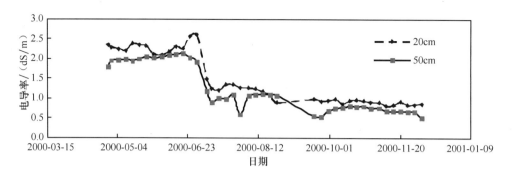

图 2-16 微区咸水灌溉试验 15 区(无植被)电导率动态曲线

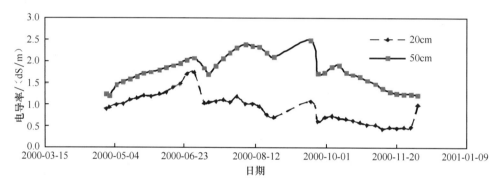

图 2-17 微区咸水灌溉试验 1 区(有植被无灌溉)电导率动态曲线

比较图 2-18 和图 2-19 可以发现,植物根系的吸水作用(蒸腾作用)比单纯的土壤裸地蒸发要大许多,种植作物土壤的潜水蒸发量要高于同样条件下裸露土壤的潜水蒸发量,地下水埋深愈小,两者相对差愈小,埋深愈大两者相对差愈大,如表 2-12 所列,两者比值从地下水埋深 1m 时的 1.19 倍变到地下水埋深 3m 时的 3.9 倍以上,至少可以看出 3m 深的地下水可以被作物利用。平均统计,有无植被其 0~20cm、0~50cm、0~100cm 的电导率和潜水蒸发的比值分别是 0.94、1.09、1.11、1.89。这几个数字说明,种植作物对 50cm 土层或 1m 土层的积盐作用要大于裸露土地,而对于 20cm 土层的积盐作用要小于裸露土地。植被对表层土壤有抑盐作用,对整个土层则有积盐作用。土壤蒸发使盐分向土壤表层迁移,而蒸腾却使盐分向根际迁移,它受根系分布和生长的影响。植被吸收地下水分的作用要大于其积盐作用。也就是说地下水的补水作用要大于其补盐作用。孟繁华(1995)得出大豆作物对抑制土壤盐分的深度是:粉砂壤 25cm、黏土 15cm、夹黏土层 35cm。蒸腾作用可用植物根系的吸水机理进行定量化描述,根系对土壤盐分分布的作用还有待进一步深入的定量研究。

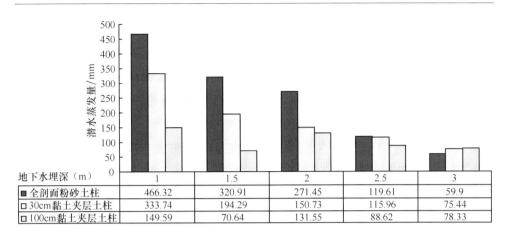

图 2-18 模拟试验无植被潜水蒸发量

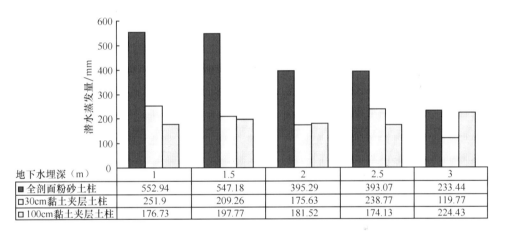

图 2-19 模拟试验有植被潜水蒸发量

表 2-12 有无植被多年平均潜水蒸发量之比

黏土层厚度 /cm	地下水埋深/m				
	1	1.5	2	2.5	3
0	1.19	1.71	1.46	3.29	3.90
30	0.75	1.08	1.17	2.06	1.59
100	1.18	2.80	1.38	1.96	2.87

2.2.3 土壤水盐动态与灌溉制度

灌溉水在补充土壤水分的同时,向下入渗的水流有淋洗盐分的作用。如果灌水量太大会产生深层渗漏,造成地下水位的抬高,在蒸发作用下,造成盐分大量向上运移聚集。同时,灌溉水本身也携带大量的盐分,是土壤盐分的重要来源之一。

2.2.3.1 土壤水分动态与灌溉

从图 2-20 ~ 图 2-22 可看出,灌水抬高了土壤含水量的谷低值。灌水量越大谷低抬高程度越大。

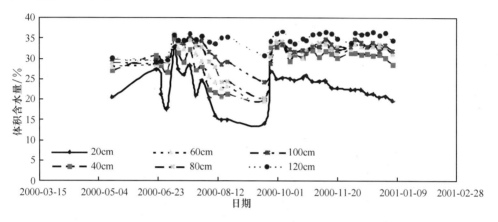

图 2-20　微区咸水灌溉试验 1 区(有植被无灌溉)水分动态曲线

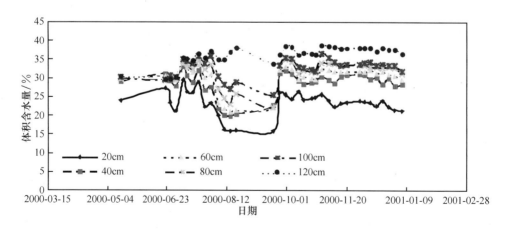

图 2-21　微区咸水灌溉试验 9 区(灌 1 水)水分动态曲线

第2章 土壤水盐动态与其影响因子关系研究

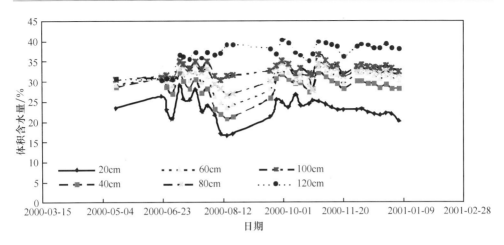

图 2-22 微区咸水灌溉试验 12 区(灌 2 水)水分动态曲线

2.2.3.2 土壤盐分动态与灌溉

从图 2-17、图 2-23、图 2-24 可以看出灌溉使得电导率动态曲线的波动增大。灌水量越大,峰值越高,土壤盐分整体水平越高。灌溉有一定程度的积盐作用。而且,20cm 电导率峰值高于 50cm 电导率。这是上部土壤水分急剧消耗,造成土壤电导率剧增的现象,灌一次水时这一现象更加明显,一定程度上可解释小水勾盐的说法。灌溉打乱了根系对土壤表层盐分的抑制作用。根系、气象是土壤水盐动态最主要的作用因素,灌溉的作用叠加在其上,加大了电导率的波动。通常节水灌溉要求尽量使土壤不产生深层渗漏。但是,在具有盐化威胁地区,则应有适当的深层渗漏(王学锋等,1994;肖振华等,1995)。

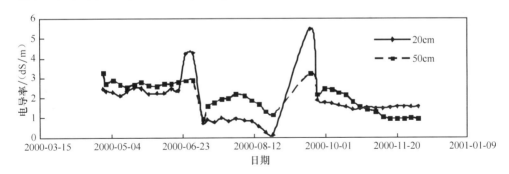

图 2-23 微区咸水灌溉试验 9 区(灌 1 水)电导率动态曲线

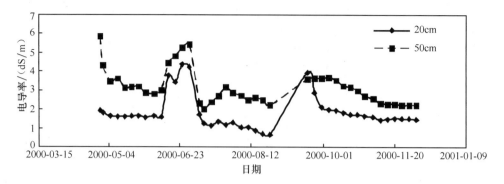

图 2-24 微区咸水灌溉试验 12 区(灌 2 水)电导率动态曲线

2.2.4 土壤水盐动态与土壤条件

2.2.4.1 试用土壤水分特征曲线概化法评价土壤结构特性

一方面,土壤固相是土壤液相盐分的源汇项,其固相母质的物理特性和化学成分严重影响盐分的溶解、结晶、吸附、沉淀等过程,从而影响了土壤的水盐动态。另一方面土壤是其水盐运动的介质,水盐运动是发生在土壤孔隙中,孔隙特性又决定了土壤的渗透特性和毛管水运动特性。因此,土壤孔隙特性对土壤水盐动态影响很大。

我们认为土壤水分特征曲线反映了土壤能量、数量和空隙组成之间的关系,是土壤质地、结构、孔隙等物理特性综合作用的结果,是土壤物理特性的表征,它充分体现了土壤结构的差异,可作为土壤物理性结构指标。为此,从土壤水分特征曲线角度出发,对土壤物理结构进行评价分类,给出定量划分指标。

1) 土壤水分特征曲线的概化和土壤结构量的引入 要对许多土壤结构特性进行比较分类研究,必须将作为土壤结构性指标的土壤水分特征曲线进行概化,做出合理的抽象,提取可资比较的特征量。考虑到作物正常生长的有效含水量、通气容量、田间持水量以及土壤水分特征曲线测定的难易程度,将土壤水分特征曲线概化为三段式结构:

A:吸力在 $0 \sim 900$ Pa 的容水量,代表通气性孔隙的百分数;
B:吸力在 $900 \sim 6000$ Pa 的容水量,代表作物正常生长的供水性孔隙百分数;
C:吸力在 6000 Pa 以上的容水量,代表作物持水性孔隙百分数。

土壤结构特性是通气性、供水性、持水性相互协调的结果,而且与总容水量有关。为此引入土壤结构量 S 的定义式

$$S = A \cdot B \cdot C \cdot D \tag{2-4}$$

式中,D 为最大容水量代表土壤总孔隙(%),其他意义同前。

取通气性孔隙在 15%、供水性孔隙在 20%、持水性孔隙在 15% 和总孔隙度在 50% 时的土壤结构量为标准状态结构量

$$S_0 = 15 \times 15 \times 20 \times 50 = 225000$$

则相对结构量

$$S_r = \frac{S}{S_0} \times 100\% \tag{2-5}$$

说明:①吸力在 900Pa 的含水量意欲代表田间持水量;②吸力在 6000Pa 的含水量意欲代表障碍生长水分点(日本土壤物理性测定委员会,1979)。障碍生长水分点是作物正常发育、稳产优质所需的最小土壤含水量。

2) 土壤结构性评价分类三角形和土壤结构量等值线 以土壤水分特征曲线概化量 A、B、C 和土壤相对结构量 S_r 作为土壤结构性指标,可对土壤结构进行分类评价。土壤相对结构量表示了土壤结构的优劣等级、概化量表示了土壤结构属性,两者结合可充分表征土壤结构的特点。

仿照质地划分三角形,采用三角坐标法(姚贤良等,1986),以 50% 为满刻度进行分类。分类归纳时,首先将概化值 A、B、C、D 做标准化处理,以确保在三角坐标上点的唯一性。标准化处理公式如下

$$A' = 50 \frac{A}{D} \tag{2-6}$$

$$B' = 50 \frac{B}{D} \tag{2-7}$$

$$C' = 50 \frac{C}{D} \tag{2-8}$$

$$S_r = \frac{A' \cdot B' \cdot C' \cdot D^4}{50^3 \cdot S_0} \tag{2-9}$$

为了提高供水性孔隙的作用,需对式中 S_r 进行适当修正:由于供水性孔隙 B 越大,其结构越好,所以修正系数 K 是个变量,K 值随 B 的变化而变化。适当的 K 与 B 的函数关系可使该分类方法更加合理。当 K 为 1 时,表示没有修正。为此,从土壤储水特性入手导出 K 与 B 的函数关系(张妙仙,1999):

令

$$K = -10 \cdot (\theta_s \times \theta_{600}) \cdot \ln\left(1 - \frac{\theta_{90} - \theta_{600}}{\theta_s - \theta_{600}}\right) \tag{2-10}$$

则

$$K = -\frac{A+B}{10} \ln\left(\frac{A}{A+B}\right) \tag{2-11}$$

据此可由土壤水分特征曲线的概化量计算其 K 值。K 表示了土壤的储水特性,K 越大储水性越好,K 越小储水性越差。则修正后土壤相对结构量

$$S_{rx} = K \cdot S_r \tag{2-12}$$

然后以通气性概化量 A'、供水性概化量 B' 和持水性概化量 C' 分别为三角坐标,计算三角坐标内各点的土壤相对结构量 S_{rx},并构绘其等值线。该图则可作为土壤结构性评价图。评价图为一偏心的三角形等值线网,如图 2-25 所示。图中三角坐标网和结构量等值线将图分为不同的区域。结构量等值线分级为五个等级:

S_{rx}：>100 优；100~80 良；80~50 中；50~30 差；30~0 劣

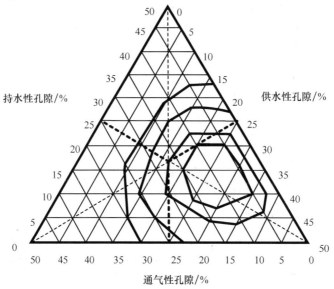

图 2-25　土壤结构三角评价图

区域分为持水区、供水区和通气区三区,各区又分为两型,分类共有 5 级 3 区 6 型 21 种土壤结构。各区、型、种划分如图 2-25 所示,图中点线为各区划分界线,细长划线为各型划分界线,粗实线为各土种划分界线,自里到外相对土壤结构量 S_{rx} 分别为 100、80、50 和 30,细实线为三角坐标网。

3）评价应用结果　依据上述评级分类方法,将测定和收集的 40 多种土壤水分特征曲线进行概化评级,如表 2-13 所列。

三角坐标表示法与结构量等值线相结合,它可将很多个实验结果归纳在同一坐标上,并能对多个测定值进行比较研究,对土壤结构特性作出合理的分类评价。该分类方法将影响土壤结构性的质地、孔隙、能量、容重、持水性都综合在一起,便于相互间的比较研究。将表 2-13 的评价等级与当地地力相比较,可以发现作者首次引入的土壤结构量能较好地反映土壤结构性。容重是总孔隙的反映,质地是颗粒级配,而作者引入的概化量则将孔隙及其比例都包容在一起,从而具有较好的表征。土壤结构量采用土壤水分特征曲线分段概化量相乘的形式,表示了各类孔隙的相互配比和作用,起到了均衡的作用。该分类指标和方法较传统的依据质地、容重判别更加合理。此外,由于作者所测土壤种类不多,参考点的合理与否还有待更多试验资料的验证和完善。

表 2-13 土壤结构性评价表

土层/cm	A'	B'	C'	D	K	S_r/%	S_{rx}/%	评价等级	地点
0~20	19.5	5.6	24.9	47	0.633	47.175	29.893	劣	山西长治市松村东南角
20~50	7.6	5.1	37.3	41.2	0.652	14.811	9.658	劣	山西长治市松村东南角
50~80	7	6	37	43.6	0.804	19.966	16.068	劣	山西长治市松村东南角
0~30	7.1	4.9	38	47.3	0.629	23.528	14.817	劣	山西长治市松村洼地
30~68	34.1	9.4	6.6	43.3	1.059	26.441	28.003	劣	山西长治市松村洼地
0~30	9.6	6.7	33.7	40.8	0.862	21.356	18.428	劣	山西长治市松村2-3渠间
30~80	32.5	10.4	7.1	46.3	1.191	39.210	46.701	差	山西长治市松村2-3渠间
80~100	39.6	4.6	5.8	41.5	0.485	11.142	5.412	劣	山西长治市松村2-3渠间
0~20	30.1	11.3	8.5	41	1.319	29.047	38.332	差	山西长治市松村林地
20~50	30	10.5	9.5	42.2	1.215	33.743	41.012	差	山西长治市松村林地
50~80	31.7	11	7.4	44.7	1.271	36.628	46.590	差	山西长治市松村林地
0~20	13.2	7.8	29.1	44.5	0.975	41.774	40.731	差	松村耐涝试验地
20~50	11.8	9.7	28.2	40.2	1.289	29.971	38.660	差	松村耐涝试验地
50~80	10.3	11.7	28.4	40.1	1.669	31.464	52.533	中	松村耐涝试验地
0~16	10.9	13	26.1	47.1	1.8761	64.714	121.431	优	山西运城市夹马口灌区中联
16~46	14.2	10.4	25.4	50.5	1.351	86.741	117.255	优	山西运城市夹马口灌区中联
46~80	6.1	18.2	25.7	44.3	3.358	39.071	131.224	优	山西运城市夹马口灌区中联
0~18	10.3	11.2	28.5	51	1.582	79.083	125.126	优	山西运城市夹马口灌区冯留
18~47	6.4	16	27.6	44	2.806	37.664	105.692	优	山西运城市夹马口灌区冯留
47~80	12.2	13.9	23.3	47.8	1.984	74.9153	148.699	优	山西运城市夹马口灌区冯留
0~24	14.5	10.1	25.4	52.2	1.300	99.713	129.663	优	山西运城市夹马中灌区红旗
24~40	8.4	15	26.6	44.7	2.397	47.576	114.056	优	山西运城市夹马中灌区红旗
40~80	10	16.2	23.1	45.2	2.523	55.537	140.150	优	山西运城市夹马中灌区红旗
0~27	6.8	7.9	35.3	45	1.133	27.648	31.332	差	山西夹马口灌区曹家营
27~52	7.8	6	36.2	47.8	0.787	30.664	24.143	劣	山西夹马口灌区曹家营
52~80	4.4	5.7	39.8	46.2	0.839	16.169	13.569	劣	山西夹马口灌区曹家营
0~20	13.2	9.3	27.5	49.2	1.199	70.332	84.393	良	山西永济市关家庄
20~50	10.6	4.8	34.6	52.7	0.575	48.280	27.771	劣	山西永济市关家庄
50~100	9.4	4.3	36.2	47.8	0.516	27.159	14.016	劣	山西永济市关家庄

续表

土层/cm	A'	B'	C'	D	K	S_r/%	S_{rx}/%	评价等级	地点
0~10	14.1	9	26.9	46.2	1.140	55.295	63.056	中	山西永济市朱家庄
20~50	16.4	7.2	27	48	0.858	60.174	51.687	中	山西永济市朱家庄
50~100	10.2	8.1	31.8	44.1	1.069	35.332	37.793	差	山西永济市朱家庄
0~10	14	9.3	26.6	50.5	1.186	80.087	95.055	良	山西长治市沁县太里村河滩
10~20	9.1	10.4	30.5	41.7	1.486	31.033	46.120	差	山西长治市沁县太里村河滩
0~20	19.9	6.5	23.6	48.5	0.746	60.055	44.812	差	山西长治市沁县徐阳
20~40	6.1	4.6	39.3	37.8	0.601	8.004	4.813	劣	山西长治市沁县徐阳
0~15	6.35	7.9	35.8	46.7	1.151	30.370	34.982	差	山西长治市迎春灌区下湿地
15~30	3.15	7.7	39.1	40.4	1.341	8.982	12.053	劣	山西长治市迎春灌区下湿地
30~50	5.84	10.9	33.3	40	1.762	19.294	34.012	差	山西长治市迎春灌区下湿地
50~70	6.8	7.9	35.3	37.8	1.133	13.765	15.599	劣	山西长治市迎春灌区下湿地
	32.2	11.5	6.4	42.3	1.334	26.977	36.002	差	山西长治市迎春灌区下湿地
	23.9	10.1	15.8	54.9	1.198	123.189	147.634	优	山西长治市迎春灌区下湿地
	11.4	7.8	30.8	54.5	1.000	85.909	85.986	良	山西长治市迎春灌区下湿地
	6.2	11.6	32.2	51.6	1.877	58.372	109.582	优	山西长治市迎春灌区下湿地
	9.3	7	33.7	44.8	0.914	31.421	28.740	劣	山西长治市迎春灌区下湿地
	10.2	9.2	30.6	54.8	1.247	92.074	114.835	优	山西长治市迎春灌区下湿地
	5.3	1.6	43.1	50.5	0.182	8.451	1.538	劣	山西长治市迎春灌区下湿地
	2	3.5	44.6	63.5	0.556	18.048	10.041	劣	山西长治市迎春灌区下湿地

2.2.4.2 土壤水盐动态与黏土夹层

从图 2-18 和图 2-19 可知,黏土层厚度、地下水埋深对潜水蒸发量的影响极大。同一地下水埋深时,黏土层厚度越大,潜水蒸发量越小;同一黏土层厚度时,地下水埋深越大潜水蒸发量越小。但随着地下水埋深的加大,黏土层作用越来越微弱,最后趋于零。地下水埋深为 2m 时,30cm 和 100cm 的黏土层作用已没有大的差别,当地下水埋深为 2.5m 和 3.0m 时,有无黏土夹层其作用已没有多大差别。有黏土层的地下水控制在 2m 以下,无黏土层的地下水控制在 2.5m 或 3m 以下则潜水蒸发量将大大减小。

由表 2-14 知,当地下水埋深较大时,黏性土上部盐分大,砂性土下部盐分大,但差别不大。当地下水埋深较浅时,粉砂壤土表层积盐最严重,腰黏土积盐最轻,腰黏土阻水阻盐作用明显。从图 2-26 看出,黏土夹层对 50cm 土层平均电导率的作用,黏土层厚度越大,地下水埋深作用越小。当黏土层厚度为 1m 时,地下水埋深作用已几乎为零。

第2章 土壤水盐动态与其影响因子关系研究

表 2-14　模拟试验有植被各土柱多年加权平均主要层次电导率表

地下水埋深/m	0~20	0~50	0~100	黏土层厚度/cm
1	12.87	7.74	6.59	0
1	5.63	3.94	3.66	30
1	7.44	5.22	4.60	100
1.5	7.91	5.15	4.01	0
1.5	3.31	2.96	2.78	30
1.5	6.34	4.75	4.48	100
2.0	2.70	3.52	3.16	0
2.0	2.45	2.19	1.85	30
2.0	6.08	5.28	3.78	100
2.5	4.13	3.32	3.46	0
2.5	3.65	3.70	2.70	30
2.5	5.18	5.75	3.84	100
3.0	2.09	2.77	2.57	0
3.0	2.56	2.62	2.35	30
3.0	6.69	6.54	4.40	100

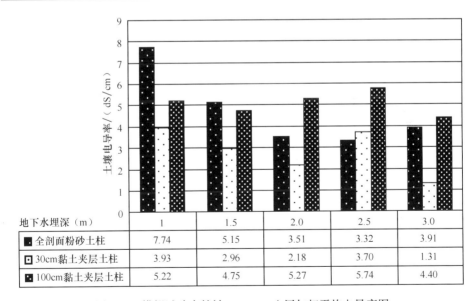

地下水埋深（m）	1	1.5	2.0	2.5	3.0
全剖面粉砂土柱	7.74	5.15	3.51	3.32	3.91
30cm黏土夹层土柱	3.93	2.96	2.18	3.70	1.31
100cm黏土夹层土柱	5.22	4.75	5.27	5.74	4.40

图 2-26　模拟试验有植被 0~50cm 土层加权平均电导率图

2.2.5 土壤水盐动态与地下水埋深

2.2.5.1 地下水埋深对土壤及地下水盐分影响的信息统计分析

地下水对于土壤水盐动态的作用,可以归结为如下三个方面:一,地下水以潜水蒸发的形式补给土壤水分,是作物所需水分的一个重要来源;二,地下水在供给土壤水分的同时,也补给了土壤盐分,是造成土壤积盐的重要原因;三,过高的地下水位造成土壤不良的水、气、热状况,从而使作物受涝渍灾害;而过低的地下水位则断绝了土壤的一个重要水源,在干旱、半干旱地区势必造成土壤干旱。地下水位和旱、渍、盐关系密切。调控适宜的地下水埋深是旱、渍、盐灾害综合治理的重要途径。

为此,本书将统计分析与信息分析原理相结合,将山西省大同盆地土壤含盐量和地下水矿化度的大面积普查资料作为调查区盐分运动变化发出的一种信息,依信息理论进行信息处理,分析地下水埋深对土壤和地下水盐分状态的影响作用,从面上说明地下水与盐分动态的关系。

1) 信息统计学分析原理 信息作为科学概念,是由香农和维纳等于 20 世纪 40 年代首先提出的。信息源发出的消息具有多种可能性,可以看作随机过程或随机序列。消息只不过是信息的载体、符号和代码。信息则是包含在消息中的抽象物,它对于揭示事物的组织结构和不均匀程度,揭示系统的有序化程度及其演化方向等问题有重要的意义。

用信息方法时,首先必须根据研究对象(本书为潜水矿化度和耕层土壤含盐量)对其发出的消息,抽象为信息量及其变换过程,而撇开研究对象的物质和能量的具体形态。针对信息的随机特点,用消息可能数目的对象来度量消息中所包含的信息量(仪垂祥,1995)。

设某事物具有几种独立的可能结果

$$X_1, X_2, X_3, \cdots, X_n$$

每一状态出现的概率分别为

$$P(X_1), P(X_2), P(X_3), \cdots, P(X_n)$$

且有

$$\sum_{i=1}^{n} P(X_i) = 1$$

则该事件的信息量

$$H(X) = -\sum_{i=1}^{n} P(X_i) \log_a P(X_i) \tag{2-13}$$

当对数的底数为 2 时,$H(X)$ 的单位称为比特(bit)。

2) 地下水埋深对耕层土壤含盐量影响作用的信息统计学分析 对大同盆地

土壤及浅层水文地质调查所得潜水埋深、潜水矿化度及耕层土壤盐分作统计分析，分别得出潜水埋深与潜水盐分状态、土壤耕层盐分状态的统计规律，然后将耕层土壤含盐量及潜水矿化度作为调查区盐分运动变化发出的一种信息，依信息理论进行信息处理。

调查资料①由大同盆地腹部 1100~880m 高程内的 413 900hm² 土地上平均布点获得。潜水矿化度点位 445 个，耕层土壤含盐量点位 393 个。统计得大同盆地潜水埋深在 0.48~4.57m 之间，耕层土壤含盐量在 0.2~24g/kg 之间。全盆地非盐化土壤点位为 54%，盐化土壤点位为 46%；65% 的点位潜水埋深在 1.4~2.2m 之间，这一潜水埋深段相应的耕层土壤盐化点位占全部耕层盐化点位的 72%。依据点的分布趋势，结合盐化土壤轻、中、重的一般划分标准，各潜水埋深段及耕层土壤含盐量段的点位分布统计如表 2-15 和图 2-27。其概率 $P(X)$ 随潜水位埋深变化如表 2-16。0.48~4m 潜水埋深范围内都可以发生轻中度盐化，其中，0.48~2.5m 可发生重度盐化。潜水埋深 2.5~4m 基本上不会发生中度以上盐化。潜水埋深大于 4m 则没有盐渍化威胁。潜水埋深在 1.4~2.2m 情况下发生中度以上的盐化可能性最大。为此划分几个特征深度（表 2-16）。

表 2-15　土壤盐分与潜水埋深点位数目统计表

潜水埋深 /m	点位总数	0~20cm 耕层土壤含盐量/(g/kg)				
		非盐化 <2	轻度盐化 2~4	中度盐化 4~7	重度盐化 7~10	盐土 >10
<1.0	20	9	7	1	3	
1.0~1.4	53	30	13	7	1	2
1.4~2.2	258	127	58	22	34	17
2.2~2.5	33	22	4	3	3	1
2.5~3.0	16	14	2			
3.0~4.0	10	6	3	1		
>4.0	3	3				
点位总数	393	211	87	34	41	20

根据式(2-13)，计算不同潜水埋深条件下土壤含盐量所包含的信息量（表 2-16）。表中数据表明不同埋深段所包含的信息量不同。比特数越大，包含信息越多，比特数越小，包含信息越少。由于影响土壤的因素的复杂性和随机性及这些随机因素综合作用的随机性，造成土壤盐分含量的随机性。潜水埋深仅是这众多因

---

① 山西省水利科学研究所，山西省大同盆地盐碱地农业综合开发可行性研究报告，专题调查之 6，表层水文地质，1991.

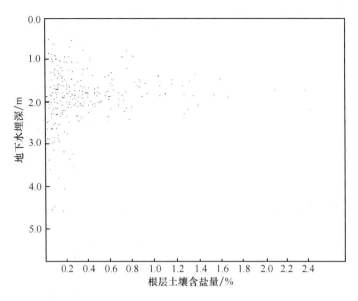

图 2-27 潜水埋深与土壤含盐量关系

素之一。为评价潜水埋深这一因素影响作用大小,我们计算对比不同埋深时信息量的变化,以区分潜水埋深因素引入后对其信息量的影响情况,从而导出了潜水埋深对土壤盐分的影响作用系数 β

$$\beta = \left| \frac{H(X_i) - H(X_{合计})}{H(X_{合计})} \right| \qquad (2-14)$$

表 2-16 不同潜水埋深段不同土壤盐分段的概率、信息量、潜水埋深作用系数汇总表

潜水特征埋深命名	潜水埋深/m	概率 $P(X)$					信息量 $H(X)$	潜水埋深作用系数 β
		0~20cm 土壤含盐量/(g/kg)						
		<2	>2	>4	>7	>10		
弱盐化深度	<1.0	45	55	20	15	0	1.675 1	0.083 4
盐化深度	1.0~1.4	56.6	43.4	18	5.7	3.8	1.634 2	0.105 8
强盐化深度	1.4~2.2	49	51	28.3	19.8	6.6	1.934 1	0.058 3
盐化深度	2.2~2.5	67	33	21.2	12.1	3.0	1.540 9	0.156 8
弱盐化深度	2.5~3.0	87.5	12.5	0	0	0	0.543 6	0.703
潜在盐化威胁深度	3.0~4.0	60	40	10	0	0	1.295 5	0.291 1
无盐化威胁深度	>4.0	100	0	0	0	0	0	1.0
平均	0.48~4.57	53.7	46.3	24.2	15.5	5.1	1.827 6	0.342 6

第2章 土壤水盐动态与其影响因子关系研究

影响作用系数(表2-16)范围为 $0<\beta<1$。潜水埋深对土壤含盐量的平均作用系数为0.3426。潜水埋深在 $0\sim2.5\,\mathrm{m}$ 时,潜水埋深对土壤含盐量的影响作用系数 β 值较小,也即潜水埋深的引入,并不能使其信息量降低。在此埋深范围内,潜水埋深作用微弱。引入其他影响因素才能使信息量降低,即随机性减轻;潜水埋深在 $2.5\sim4\,\mathrm{m}$ 范围内,其作用系数较大;潜水埋深大于 $4\,\mathrm{m}$,其作用系数为1,也即潜水埋深起绝对主导作用。

3)潜水埋深对潜水矿化度影响作用的信息统计学分析 研究区潜水矿化度范围在 $0.3\sim21.6\,\mathrm{g/L}$。随着矿化度的增加,潜水埋深变化范围逐渐缩小,最后趋于 $1.8\,\mathrm{m}$ 左右。依点位分布趋势,总点位的67.9%,潜水埋深在 $1.4\sim2.2\,\mathrm{m}$ 之间,且该潜水埋深下的潜水矿化点位占总矿化点位的84.8%。结合潜水矿化划分标准,各潜水埋深段及潜水矿化段的点位分布统计如表2-17和图2-28,其概率统计如表2-18。矿化潜水的埋深主要在 $1.4\sim2.5\,\mathrm{m}$ 范围内,随着埋深的增加和减少,矿化度都在减少。为此划分几个特征潜水深度(表2-18)。

表2-17 潜水矿化度与潜水埋深点位数统计表

潜水埋深 /m	点位总数	潜水矿化度/(g/L)				
		<2	2~3	3~5	5~10	>10
<1.4	77	72	3	1	1	
1.4~2.2	302	224	22	22	19	15
2.2~2.5	38	30	4	2		2
2.5~4.0	24	23		1		
>4.0	4	4				
合计	445	353	29	26	20	17

表2-18 不同潜水埋深、不同潜水矿化度的概率和信息量、作用系数汇总表

潜水特征埋深命名	潜水埋深 /m	概率 P/X					信息量 $H(X)$	作用系数 β
		潜水矿化度/(g/L)						
		<2	>2	>3	>5	>10		
弱矿化	0.48~1.4	93.5	6.5	2.6	1.3	0	0.435 76	0.618 52
强矿化	1.4~2.2	74.2	25.8	18.5	1.3	5.0	1.336 51	-0.170 02
矿化	2.2~2.5	78.9	21.1	10.5	5.3	5.3	1.058 27	0.073 554
弱矿化	2.5~4.0	95.8	4.2	4.2	4.2	0	0.249 88	0.781 246
非矿化	4.0~4.57	100	0	0	0	0	0	1
平均		79.3	20.7	14.2	8.31	3.82	1.142 29	0.461

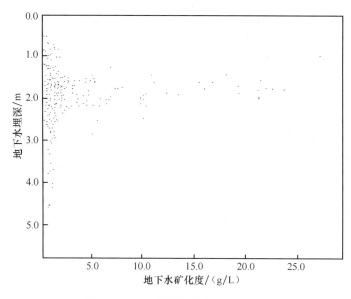

图 2-28　潜水埋深与潜水矿化度关系

同理,根据式(2-13)和(2-14),计算不同潜水埋深条件下潜水矿化度所包含的信息量和影响作用系数 β(表 2-18)。平均情况下,潜水埋深对潜水矿化度的作用系数为 0.461,当潜水埋深在 1.4~2.5m 强矿化段时,潜水埋深影响作用系数 β 值较小,即潜水埋深的引入,并不能使潜水矿化度所包含的信息量降低。在此埋深范围内,潜水埋深作用降为次要。只有引入其他影响因素才能使信息量降低,即随机性减轻。潜水埋深大于 2.5m 或小于 1.4,其作用系数较大,潜水埋深对潜水矿化度起主导作用。

4) 信息统计评价结论　将潜水埋深与潜水矿化度和耕层土壤含盐量之间关系的统计学分析和信息论分析相结合,不仅表明各类轻、中、重盐化土壤发生与潜水埋深的关系,同时表明潜水埋深对潜水—土壤系统的盐分状态的作用不是唯一的主要作用,作用系数度量其作用仅占 32%。潜水埋深对潜水矿化度的影响要比对土壤含盐量的影响大,达到 46%。

信息分析结果表明,大同盆地土壤及潜水盐化与潜水埋深的关系:当潜水埋深在 1.4~2.5m 时,土壤及潜水盐化的可能性最大也最严重,但其信息量也最大,为 1.9~1.1。潜水埋深的影响作用系数仅为 0.16~0.17。也即在最可能发生土壤盐化的潜水埋深条件下,潜水埋深作用变为次要,而其他因素的作用起主导作用。与其他特征深度相比这一深度发生盐化的可能性最大,但在这一深度,土壤及潜水并不一定发生盐化,是否发生盐化,还要分析其他更主要的原因,如耕作管理、土壤质地、土体构型等影响盐化的原因。

2.2.5.2 暴雨淋盐期水盐动态与地下水埋深

2000年7月4日~7日,模拟土柱经历了一场降雨总量为366.3mm的暴雨淋洗过程。对于这一难得的自然降雨淋盐过程,我们进行了适时监测,对植被条件下全剖面粉砂壤土柱在这一降雨过程作用下的水盐动态和脱盐规律进行分析研究,寻找地下水埋深与淋盐效果的关系,为合理调控地下水位提供依据。

1) 暴雨过程。降雨过程(表2-19)从7月4日17时起到7月7日6时止,历时61小时,共降雨366.3mm,最大降雨时段为7月5日22时15分至7月6日6时10分,其降雨强度达25mm/h,为建室以来土柱所经历的一次最大降雨过程,引起了试验土柱表层盐分的大量淋洗。据当地气象资料分析[①],暴雨频率为50年一遇,全年降雨量为966.3mm,接近于1964年的973.5mm。

表2-19 2000年7月4~7日降雨过程

时间	4日16时	4日19时	5日9时	5日19时	6日6时	6日10时40分	7日10时
降雨量/mm	0	72	25.4	43.6	199.3	12.5	13.5
累计降雨量/mm	0	72	97.4	141.0	340.3	352.8	366.3

2) 地下水埋深为1.5m的降雨前后全剖面粉砂壤土柱水盐状态变化。地下水埋深为1.5m的水盐动态如图2-29所示。雨前表层盐分最高,降雨使表层盐分向下移动,最高盐分依次出现在25cm和50cm深度。0~30cm表层土壤盐分降低,30~75cm心土层土壤盐分升高,75~150cm底土层土壤盐分基本不变。

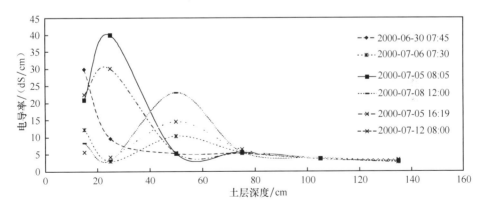

图2-29 模拟试验4号土柱暴雨期间盐分动态

---

① 河南省封丘县农业区划委员会办公室,封丘县综合农业区划,1984

3)地下水埋深为2.5m的降雨前后全剖面粉砂壤土柱水盐动态。地下水埋深为250cm的水盐动态如图2-30所示,雨前50cm土层盐分最高,降雨使表层盐分向下移动,最高盐分依次出现在50cm和100cm深度,从图可以看出0~83cm层土壤盐分降低,83~200cm土层土壤盐分升高,200~250cm底土层土壤盐分基本不变。

4)地下水埋深为3.0m的降雨前后全剖面粉砂壤土柱水盐状态变化。地下水埋深为3m的水盐动态如图2-31所示,雨前200cm土层盐分最高,降雨使该层盐分向下移动,从图可以看出0~50cm土层土壤盐分降低,75cm左右土层盐分稍有升高,100~210cm土层盐分降低,210~250cm土层土壤盐分升高,最高盐分从200cm移至225cm,250cm以下土层土壤盐分基本不变。

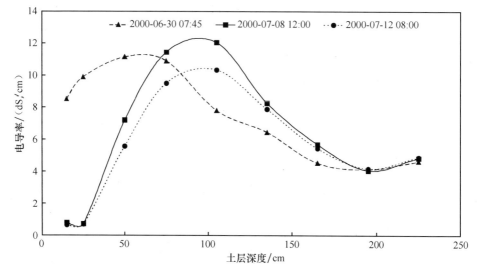

图2-30 模拟试验10号土柱暴雨期间盐分动态

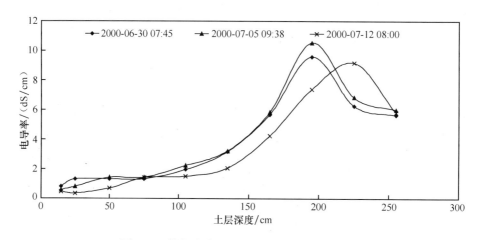

图2-31 模拟试验13号土柱暴雨期间盐分动态

5）淋盐效果分析。根据试验数据,我们计算了降雨前后不同地下水埋深的电导率增量及增量百分数,如图2-32、图2-33所示,表2-20所列。从图2-32、图2-33及表2-20我们可总结出表2-21、图2-34。

当地下水埋深为150cm时,土壤盐分从30cm耕作层移至30~100cm心底土层,盐峰出现在50cm处,电导率增量率为179%；当地下水埋深为250cm时,土壤盐分从0~80cm土壤层移至100~200cm深土层,盐峰出现在100cm处,电导增量率为32%；当地下水埋深为300cm时,有上下两个盐分运移段,上部土壤盐分从0~70cm土层移至70~90cm底土层,底部土壤盐分从80~200cm深土层移至200~250cm更深土层,盐峰出现在225cm处,电导率增量率为46%。由上述降雨淋盐规律,可知地下水埋深为250cm时脱盐效果最好。

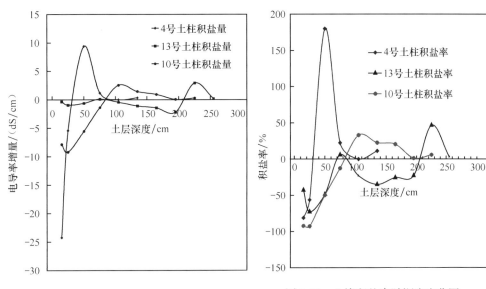

图2-32 土壤电导率增量随深度变化图　　图2-33 土壤积盐率随深度变化图

表2-20　不同地下水埋深的土壤积盐率与深度关系表

土层深度/cm 积盐率/%	15	25	50	75	105	135	165	195	225	255
地下水埋深150cm	-81.28	-56.44	179.84	22.08	-0.01	11.11				
地下水埋深250cm	-92.31	-92.95	-49.83	-12.78	32.64	22.26	20.32	1.16	5.80	
地下水埋深300cm	-42.81	-73.01	-48.52	5.81	-23.02	-35.00	-25.63	-23.02	46.55	3.28

表 2-21　不同地下水埋深的土壤脱盐特征深度表

地下水埋深/cm	150	250	300
脱盐土层/cm	0～30	0～83	0～70/85～206
盐峰深度/cm	50	102	75/225
盐分不变深度/cm	105	200	135/255
积盐深度/cm	30～105	102～200	70～86/205～255

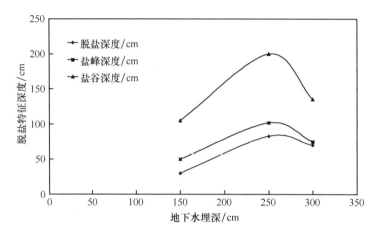

图 2-34　脱盐特征深度与地下水埋深关系图

2.3　土壤盐渍化多因子预报

2.3.1　土壤盐渍度多元统计预报模型

土壤水盐动态模拟资料分析可得：无灌溉排水条件下，土壤水盐动态随时间的变化规律主要由气象过程控制，地下水埋深和黏土层厚度控制了土壤水盐动态的整体水平高低。而植被既控制其随时间的变化规律，又控制其整体水平，还控制其空间分布。从垂直方向可将土壤整个剖面分为气象作用层和地下水作用层。气象作用层为上部 1m 之内。地下水作用层在地下水面以上 1～1.5m。两者重叠愈多，土壤积盐愈重，两者重叠愈少，土壤积盐愈轻。可用地下水作用层加气象作用层确定适宜的地下水埋深。种植条件下，地下水埋深大于 2m，裸露条件下，大于 2.5m，土壤表层积盐就不明显。

当气象条件一定时，地下水埋深、黏土层厚度是影响土壤水盐动态的主要因素。对这 3 个主要因素的变化过程及其与土壤水盐动态的规律有比较准确的描述，则可以对土壤水盐动态进行预测预报。

设电导率与植被、地下水埋深、土层深度位置和黏土层厚度的关系为函数式

$$y = f(x_1, x_2, x_3, x_4) \tag{2-15}$$

式中，x_1 为黏土层厚度；x_2 为地下水埋深；x_3 为土层深度；x_4 为植被。根据多元回归分析方法可对这 228 个数据(表 2-22)进行统计分析、数据拟合，建立多元回归方程，用于各因素影响大小分析和盐分状况预报。

电导率与各因素回归分析结果如下：

2000 年 7 月 10 日多元回归方程

$$Y = 30.536 - 0.0059 X_1 - 11.0698 \lg X_2 - 0.00217 \lg X_3 + 0.0276 X_4$$
$$复相关系数 R = 0.387；F 检验显著 \tag{2-16}$$

多年平均多元回归方程

$$Y = 9.400 + 0.0074 X_1 - 2.2697 \lg X_2 - 0.01270 \lg X_3 + 0.0031 X_4$$
$$复相关系数 R = 0.490；F 检验显著 \tag{2-17}$$

多年平均有植被条件多元回归方程

$$Y = 16.8 + 0.0044 X_1 - 4.0461 \lg X_2 - 2.2289 \lg X_3$$
$$复相关系数 R = 0.602；F 检验显著 \tag{2-18}$$

以上三个方程中，多年平均有植被条件多元回归方程的相关系数最大。应用这一方程可进行土壤盐分状况预报，或确定各因素调控指标。图 2-35 为当土壤电导率为 5 时的全剖面粉砂壤地下水埋深调控指标曲线。该图使用方法是：比如当要求地表 20cm 土层的土壤电导率≤5 时，查图，则得地下水埋深必须大于 1.58m。如要求地表 10cm 土层电导率≤5 时，查图，则得地下水埋深必须大于 2.3m。

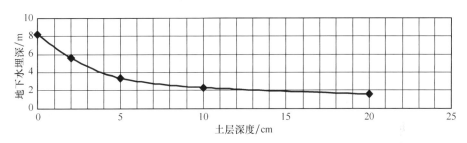

图 2-35 全剖面粉砂壤土地下水埋深调控指标曲线

2.3.2 土壤次生盐渍化的多因子预警

从前面分析可知，影响土壤水盐动态的七大因素是土壤因子中的土壤结构和土体构型；气候因子中的降雨和蒸发，可用干燥度表示；地下水因子中的地下水埋深和地下水矿化度；灌溉因子中的灌溉水质和灌水次数。故选定它们作为预报因子(魏由庆等,1989)，并进一步描述各因子与土壤盐渍化的定量关系。关于土壤结构量为本书首次提出，还没有结构量与土壤盐分的定量关系，而结构与有机质含量

表 2-22 各土柱多年平均电导率表

(单位:dS/cm)

植被/地下水埋深/黏土厚度/cm	盐分传感器深度/cm									
	10	20	45	70	100	130	160	190	220	250	280
有/100/0	17.477 736	8.264 263	4.319 35	3.839 482							
有/100/30	6.272 834 5	4.993 346	2.810 636	2.937 744							
有/100/100	8.495 796 9	6.383 134	3.747 876	3.187 976							
有/150/0	9.430 836 1	6.384 102	3.315 034	2.902 773	2.900 219	3.058 347					
有/150/30	3.828 901 6	2.797 772	2.729 2	2.467 062	2.742 889	2.846 613					
有/150/100	5.653 989 5	7.018 157	3.700 132	5.415 786	3.123 182	3.146 248					
有/200/0	2.400 927 6	2.999 257	4.063 379	2.989 42	2.859 805	2.896 971	2.878 228	3.163 106			
有/200/30	1.958 020 6	2.938 922	2.015 946	1.666 592	1.470 551	1.786 675	2.456 375	2.953 391			
有/200/100	5.754 250 8	6.406 456	4.744 609	2.777 911	2.272 921	3.077 621	2.991 424	3.402 319			
有/250/0	4.346 307 9	3.920 833	2.785 772	3.632 559	3.438 5	3.262 828	3.274 522	3.109 092	3.182 666		
有/250/30	3.790 794 7	3.518 879	3.733 614	1.469 692	2.226 357	2.794 285	3.387 699	3.141 762	3.621 31		
有/250/100	5.306 960 8	5.049 205	6.124 565	3.347 721	1.459 457	0.871 195	3.363 848	0.891 691	2.877 298		
有/300/0	1.632 635 5	2.538 095	3.221 551	2.914 285	2.056 577	1.624 928	1.561 839	2.106 203	2.422 092	2.943 852	4.225 791
有/300/30	2.156 918 1	2.963 515	2.654 298	2.021 279	2.232 358	1.784 228	1.545 291	1.355 006	1.412 673	1.569 449	1.872 301
有/300/100	5.717 713 6	7.656 061	6.441 792	3.421 056	1.994 082	1.988 125	1.942 63	2.448 285	2.484 27	2.559 56	2.589 385
无/300/100	6.944 169 1	7.744 46	3.544 642	0.765 206	1.487 228	1.330 311	1.503 007	1.635 964	1.837 81	1.549 848	1.732 917

第2章 土壤水盐动态与其影响因子关系研究

续表

植被/地下水埋深/黏土厚度/cm	盐分传感器深度/cm										
	10	20	45	70	100	130	160	190	220	250	280
无/300/30	0.028 286 7	0.018 747	0.008 88	3.600 759	3.078 803	2.433 765	1.623 275	1.500 091	1.598 855	1.569 297	1.368 683
无/300/0	0.633 363	2.545 558	2.716 018	2.490 845	3.144 742	1.913 252	2.080 743	2.077 397	1.825 145	1.483 018	1.409 005
无/250/100	7.819 964 4	6.468 605	3.720 016	2.295 566	1.892 304	1.508 199	1.705 227	1.765 08	1.627 15		
无/250/30	12.821 333	8.534 051	3.879 754	2.152 327	1.489 684	1.955 637	1.585 742	1.660 947	1.916 089		
无/250/0	4.037 517 7	3.399 151	2.081 215	3.235 893	3.451 132	2.785 468	2.151 041	1.668 368	1.546 024		
无/200/100	13.946 703	8.251 155	2.417 614	1.401 796	1.280 053	1.528 4	1.756 709	2.550 025			
无/200/30	12.980 722	4.632 595	2.006 282	1.760 898	1.390 869	1.524 169	2.300 093	3.118 293			
无/200/0	0.751 801 5	0.784 69	1.846 018	2.010 773	1.652 185	2.167 247	2.735 53	2.797 273			
无/150/100	16.561 151	8.210 966	2.161 184	1.584 195	1.436 894	2.180 234					
无/150/30	4.643 891 7	3.832 231	1.347 61	1.720 208	2.679 886	3.191 494					
无/150/0	7.175 245 5	2.597 969	2.701 747	2.943 356	3.069 233	3.364 756					
无/100/100	7.500 15	5.029 004	1.899 186	2.357 433							
无/100/30	4.635 280 7	3.474 605	2.469 251	3.408 552							
无/100/0	6.745 868 9	3.166 124	3.069 064	3.376 981							

关系密切(单秀枝等,1998),为此,书中选了有机质为预报因子之一。对于土体构型,书中以黏土层厚度表示。

2.3.2.1 预报因子与土壤盐渍化定量关系

1) 土壤有机质与土壤盐渍化关系。土壤有机质是改良盐渍土的重要物质,肥盐动态和肥盐平衡是盐渍土改良的重要理论依据之一。有机质愈高,土壤物理性状愈好,养分状况愈佳,降雨淋溶量愈大,蒸发积盐量愈小。不同的有机质含量决定不同的土壤盐分动态水平,有机质愈高,土壤含盐量愈低。谢承陶等(1993)在黄淮海平原的研究中,提出了"淡化肥沃层"的新概念,得出土壤盐分动态与土壤有机质之间呈现负指数函数关系

$$S = 11.09e^{-1.87H} \tag{2-19}$$

式中,S 为 $0\sim20cm$ 土层的土壤含盐量;H 为 $0\sim20cm$ 土层的土壤有机质含量。

另外,作者在总结大同盆地土壤调查资料时得出

$$S = 24.66e^{-1.91H} \tag{2-20}$$

魏由庆等研究当地下水埋深在 1.5m 时,粉砂壤土的有机质与土壤盐分关系为

$$S = 6.28e^{-1.917H} \tag{2-21}$$

式(2-19)、式(2-20)和式(2-21)表明在一定的气象、水文地质等自然环境条件下,当土壤有机质含量很低,并且变化很小时,有机质对土壤盐分运动影响很小;当土壤有机质含量达到 1.0% 以上时,有明显的抑盐作用。只是由于其他条件的差别,上述三式呈现强度上的不同。

2) 地下水埋深与土壤盐渍化的关系。山西省大同盆地大面积调查资料,土壤盐渍度与地下水埋深关系呈二次函数分布规律,如图 2-27 散点所示。地下水埋深在 1.8m 左右,$0\sim20cm$ 表土盐分最高。魏由庆等(1989)研究表明,土壤愈黏其峰值愈小,黏质土壤峰值在 $1.2\sim1.5m$ 左右。

全剖面粉砂壤土

$$y = -0.57 + 3.04x - 0.84x^2, r = 0.83 \tag{2-22}$$

层砂层黏互层

$$y = 0.53 + 3.38x - 1.28x^2, r = 0.87 \tag{2-23}$$

大面积调查资料

$$y = -1.21 + 7.74x - 2.93x^2, r = 0.90 \tag{2-24}$$

式中,x 为地下水埋深(m);y 为土壤含盐量(g/kg)。

3) 土体构型与土壤盐渍化的关系。全剖面粉砂壤土是土壤水盐运动最活跃的一种土体构型;全剖面均黏土是一种强抑盐的土体构型;砂黏互层土壤则随黏土层厚度及其位置的深浅而表现出不同的抑盐作用。

黏土在 100cm 以下的深位夹黏型,其抑盐作用不明显,盐渍化威胁也十分严

重。黏土隔层在50~100cm之间的中位夹黏型对土壤水盐运动产生明显影响,其厚度越大,抑盐作用越明显。浅位夹黏型,黏土位于主要根系层,其抑盐作用随黏土层厚度的变化式

$$y = -0.0492x + 3.8648, r = 0.9544 \qquad (2-25)$$

式中,x 为黏土层厚度(cm);y 为土壤含盐量(g/kg)。

4)干燥度与土壤盐渍化的关系。干燥度指长有植物的潮湿地段的最大可能蒸散量与降水量之比,也就是最大水分需要量与降水量之比。干燥度是气候条件的主要表征。在不同的气候条件下,形成不同的土壤水盐运动规律。据山西省气象局资料①,干燥度计算如表2-23,其南北干燥度差别较大。表中比值 K 大于1,表示降水量不敷需要,气候干旱;比值小于1,表示降水量有余,气候湿润。干燥度愈大则愈干旱。表中最大可能蒸散量利用彭曼(Penman)公式计算得出。其他条件相同时,干燥度愈大,0~20cm 土层的土壤含盐量愈大,基本上呈线性关系。

表2-23　山西省自北向南主要城市干燥度

地点	大同	忻州	太原	临汾	运城
蒸散量	786	806	828	817	976
降雨量	382.1	453.3	473.9	517.4	535.3
干燥度 K	2.06	1.78	1.75	1.58	1.82

5)地下水矿化度与土壤盐渍化关系。在其他条件一致的情况下,表土盐渍化程度随地下水矿化度的增加而增加。

张喻芳等(蔡树英等,1998)研究其关系为

$$S = C \times A \times e^{BH} \qquad (2-26)$$

式中,C 为地下水矿化度;H 为地下水埋深;A、B 为经验常数。

张妙仙研究其关系式为

$$y = 0.625x + 0.675 \qquad (2-27)$$

式中,x 为地下水埋深(m);y 为土壤含盐量(g/kg)。

6)灌溉水质与土壤盐渍化的关系。灌溉水矿化度愈高,土壤积盐愈重。山西省永济市年灌水3次咸水灌溉试验关系分析如表2-24。

表2-24　灌溉水矿化度与土壤盐渍度关系

灌溉水矿化度/(g/L)	1	2	3	5	7	9	12	14
棉花土壤含盐量/(g/kg)	0.09	0.15	0.21	0.28	0.37	0.47	0.62	0.72
小麦土壤含盐量/(g/kg)	0.10	0.18	0.25	0.38	0.39	0.48	0.58	0.68

---

① 程建江,山西省水分条件的气候学评价,1982.

$$\text{棉花} \quad y = 1.33 + 0.186x \tag{2-28}$$

$$\text{小麦} \quad y = 0.475 + 0.476x \tag{2-29}$$

式中，x 为灌溉水矿化度(g/L)；y 为土壤含盐量(g/kg)。

7) 灌水次数与土壤盐渍化的关系　每年利用咸水灌溉次数愈多，土壤积盐愈重。山西省永济市年咸水灌溉试验，咸水矿化度为 5g/L 时，灌水次数与土壤盐渍度关系见表 2-25。

表 2-25　灌水次数与土壤盐渍度关系

灌溉水次数	1	2	3
棉花土壤含盐量/(g/kg)	0.18	0.25	0.28
小麦土壤含盐量/(g/kg)	0.20	0.26	0.38

$$\text{小麦} \quad y = 1.0 + 0.9x \tag{2-30}$$

式中，x 为灌溉水次数；y 为土壤含盐量(g/kg)。

2.3.2.2　土壤次生盐渍化预警公式

1) 标准状态的确定　田间测定和尽可能收集资料所求的单因子关系，不可能作土壤次生盐渍化的预报。因为土壤盐渍度是众多因子综合作用的结果，上述七大因子组合形式千变万化，几乎无一相同，必须确定一个基准，才可以相互比较。为此，我们选择一标准状态，并将各因子与土壤盐渍度的关系，转换成与土壤盐渍度的相对关系，标准剖面选择土体内水盐运动比较活跃的一种组合关系，以干燥度为 1.75，土壤有机质为 1%，地下水埋深为 1.5m，地下水矿化度为 5g/L，灌溉水质矿化度为 5g/L，每年灌水 3 次，种植小麦作物的全剖面粉砂壤土为标准状态，这一状态的基准含盐量为 3.8g/kg。

2) 各因子与相对土壤含盐量关系　有机质含量与相对土壤盐渍度关系式

$$S_{r1} = 6.489 e^{-1.87H} \tag{2-31}$$

干燥度与相对土壤盐渍度关系式

$$S_{r2} = \frac{k}{1.75} \tag{2-32}$$

地下水埋深与相对土壤盐渍度关系式

$$S_{r3} = -0.318 + 2.037x - 0.771x^2 \tag{2-33}$$

地下水矿化度与相对土壤盐渍度关系式

$$S_{r4} = 0.164 + 0.178x \tag{2-34}$$

灌溉水矿化度与相对土壤盐渍度关系式

$$\text{棉花} \quad S_{r5} = 0.589 + 0.0823x \tag{2-35}$$

$$\text{小麦} \quad S_{r5} = 0.1664 + 0.1664x \tag{2-36}$$

灌水次数与相对土壤盐渍度关系式

$$S_{r6} = 0.270 + 0.243x \qquad (2-37)$$

黏土层厚度与相对土壤盐渍度关系式

$$S_{r7} = 0.013x + 1.0171 \qquad (2-38)$$

3）土壤次生盐渍化预报公式　根据条件概率定义，应用概率相乘原理，则有如下土壤次生盐渍化预报公式

$$S = K \cdot S_{r1} \cdot S_{r2} \cdot S_{r3} \cdot S_{r4} \cdot S_{r5} \cdot S_{r6} \cdot S_{r7} \qquad (2-39)$$

式中，S 为预报含盐量；K 为标准剖面的基准含盐量；S_{ri} 为各因子相对含盐量，实为各因子对土壤盐渍化的影响系数。

2.4　小　结

在土壤水盐动态模拟试验和微区棉花咸水灌溉试验基础上，首先详细地研究了各影响因素与土壤水盐动态之间的关系。其次，在单因子分析基础上，综合各影响因子对土壤盐渍度的影响，得出多元统计回归方程；最后提出了土壤次生盐渍化的多因子预警模型。

气象、植被、灌溉、地下水埋深和黏土层厚度是影响土壤水盐动态的主要因素。灌溉制度和降雨蒸发相叠加，控制了水盐动态随时间的波动起伏变化，入渗和蒸发的相互交替作用是水盐动态变化的主要原因。降雨对土壤水分有脉冲性抬高作用，对土壤盐分有脉冲性降低作用；灌溉则加剧了其上下波动，使得峰值更高，谷值更低。地下水埋深和黏土层厚度则控制了土壤水盐动态的整体水平，地下水愈深，土壤积盐愈少，腰黏土层有阻水阻盐的作用。可从垂直剖面将土层分为气象作用土层和地下水作用土层。气象作用层为上部1m之内。地下水作用层在地下水面以上1~1.5m内。两者重叠愈多，土壤积盐愈重，两者重叠愈少，土壤积盐愈轻。过去，地下水毛细管上升高度加主要耕作层厚度，确定地下水埋深不太合适。应该是地下水作用层加上气象作用层，来确定适宜的地下水埋深。从暴雨淋盐效果、大面积统计规律和地下水深与作物产量关系都得出2.5m是最佳的地下水埋深。植被既控制土壤水盐动态随时间的变化规律，又控制其整体水平，还控制其垂直剖面分布。植物蒸腾加剧了土壤水分动态波动，使整个土层盐分增加。但是，植物根系作用又使土壤下层盐分高于上层盐分，不同于裸露土壤蒸发的表聚作用。同时，植被的吸水作用要高于其吸盐作用。土壤水盐动态可分解为趋势项、周期项和随机项。土壤盐分有多年累积趋势，而土壤水分则没有明显的趋势项，土壤水盐都有与气象同步的年周期。土壤水盐动态预报应属于农业气象预报范畴。土壤水分和盐分的动态波动峰谷相反，土壤含水量对土壤电导率影响极大，过低的含水量急剧抬高土壤实测电导率，土壤水分和电导率的乘积更能有规律地反映土壤水盐动态，更

易于建模。

在地学条件方面,本书对土壤物理结构特性评价和地下水埋深对盐分影响作用评价进行了较详细的定量分析研究。认为土壤水分特征曲线是土壤物理结构特性的表征指标,是土壤孔隙的静态特性。首次提出了应用土壤水分特征曲线概化法评价土壤结构特性的方法,给出了土壤结构三角评价图。以山西大同盆地浅层水文地质普查资料为基础,将信息分析与统计分析相结合,评价了地下水埋深对土壤耕作层和地下水盐分的作用,赋予其信息和概率的内涵。结果表明:地下水埋深为 1.4~2.2m 时土壤盐化概率最大,但其信息量也大。这一地下水深度土壤并不一定盐化,地下水埋深在 2.5m 以下,土壤发生盐化的概率非常小,与第 1 章模拟试验结果相吻合。总的来说,地下水对土壤盐分的作用为 0.32,对地下水的作用为 0.46。

在因子分析基础上,提出了土壤次生盐渍化预报公式,将各影响因子统一起来,以乘积形式出现,综合了各影响因子对土壤盐渍度的影响。对单因子计算的系数进行对比,可确定防止土壤次生盐渍化的主导因素和次要因素,从而确定防止土壤次生盐渍化的途径和措施。但特别要指出的是该式所得土壤含盐量仅为警告值,并不能代表真实存在的土壤含盐量,各因子影响率也仅是权重的意义。这一预警值只是给出次生盐渍化的威胁程度,预警值越高,次生盐渍化越危险。该预警公式的建立,比以前地下水临界深度、临界潜水蒸发量和临界盐分状态的临界概念更全面更系统,实际上是各单因子趋势外推预测的综合。但该方法各因子计算公式不太完善,还没有严密的定量研究。

第3章 土壤水盐运动机理

从动力学角度考虑,土壤水盐运动的能量来自地球、太阳和人类活动,这些能量通过气象、地形、植被、土壤等边界和介质条件,使水通过土壤介质发生上下左右的移动。在水流运动过程中,溶质随水发生运移。为了揭示土壤水盐运动机理,我们从两个层次上进行分析,第一层是分析研究土壤水盐运动的主要动力作用过程以及动力作用过程的综合和交替方式;第二层是研究溶质随水运移的机理。

3.1 土壤水盐运动的动力作用过程

为了定量描述水盐动态,必须将地下水—土壤—植物—大气作为一个系统(GSPAC)整体来考虑,因为正是发生在这个系统中的各种过程决定了水盐动态。GSPAC系统是一个开放系统,与外界环境不断进行物质和能量的交换。水盐是这个系统中最活跃和运动性最强的物质。这个系统由大气、作物、土壤、地下水四个单元组成。本书植物按源汇项考虑,并且不考虑植物与大气的相互作用以及物质在植物体内的运移,而是全力讨论地下水和土壤水盐的运动。

3.1.1 GSPAC系统土壤水盐运动的四大动力作用过程

土壤水盐动态是雨水和灌溉水的入渗淋溶过程、土壤蒸发和作物蒸腾过程、地面径流过程、地下水水平运动过程强弱交替作用过程的综合和叠加。四个基本过程的强弱交替作用造成了土壤水盐动态的复杂变化过程。而降雨、土壤蒸发、植物蒸腾和灌溉又受气象条件、作物生长等的影响。

依据其作用面和水盐运动方向的不同,归纳为四大驱动过程或四个驱动函数。地面径流作用在土壤表面。地面水流对土壤上部的土壤物质包括土壤中的可溶盐有搬运侵蚀作用,因而,造成土壤盐分的水平分异。对于平原地区的农田土壤由于地形平坦,盐分水平分异作用不强,只有地面径流的大量产生才会导致该作用过程的加强。

潜水径流过程,潜水径流是土壤下部松散介质中的饱和水流运动。其运动的强弱随地形和松散介质的透水性而变化。相对地面径流来说尽管其运动速度缓慢,但其连续不断的作用是该系统潜水盐分水平分异的重要驱动力。潜水运动的通畅与否造成了土壤潜水系统水盐状况的明显差别,从而造成了植被、土壤和景观的差别。

降雨(包括灌溉水)入渗淋溶过程,其作用方向向下。该驱动力造成土壤潜水系统内部盐分的向下移动。由于降雨和灌水的间断性和频繁性,入渗淋溶过程表现出其作用过程的脉冲性。由于每次降雨量的大小不同,造成盐分向下运移距离的不同。因而产生了勾盐、压盐、淋盐、脱盐的不同术语。

地面蒸发和植物蒸腾过程使得土壤潜水系统内部盐分向上运动,其运动的强弱和作用深度主要受大气及植物生长状况控制。大气蒸发能力愈强,植物生长愈旺盛,该作用过程愈强烈。同时由于大气蒸发的持续不断,腾发积盐呈现出连续性,只是随着气候变化表现出了强弱的差别。腾发积盐过程是土壤潜水系统最重要的过程。

土壤潜水系统中的盐分以水为其溶剂和运输介质,在土壤和母质松散介质场中,在四大驱动过程的强弱交替作用下,进行垂直和水平方向的运动。从而造成了土壤潜水系统水盐状况时空变化。其数学表达式如下

$$S = f(p_1, p_2, p_3, p_4, t, x, y, z) \tag{3-1}$$

式中,S为土壤盐分状况;p_1为入渗淋溶驱动力;p_2为腾发积盐驱动力;p_3为潜水径流驱动力;p_4为地面径流驱动力;t为时间坐标;x, y, z分别为空间坐标。

3.1.2 基于四大过程的水盐动态分类

降雨入渗淋溶过程、腾发过程、潜水径流过程及地面径流过程的不同组合和强弱变化在自然界形成了不同的土壤水盐动态类型,主要可分为以下四类:

Ⅰ. 侵蚀-蒸发淋溶水盐运动状况

此种水盐状况是丘陵和山区地面上特有的。其地面径流作用强烈,不仅盐分不会积累,而且造成土壤的侵蚀和冲刷,其土壤形成过程中总物质平衡都是负的。其中p_4作用最强,p_3作用几乎没有,p_1作用较弱,p_2作用较强,造成山丘地区干旱侵蚀灾害。

Ⅱ. 蒸发淋溶水盐运动状况

在地下水位较深(10~20m),且地面平坦的情况下,地面和潜水的水平径流都很微弱,土壤水盐状况仅受垂直的入渗淋溶过程和腾发积盐过程控制。土壤积盐状况主要受气候条件控制,除干旱荒漠地区外,对于半干旱地区不会形成土壤的积盐,盐分平衡呈负的。总物质平衡正负相均衡。主要灾害为旱灾。

Ⅲ. 淋溶-潜水径流通畅的水盐运动状况

该状况下潜水径流能量大,地下水径流速度较快。通畅的潜水径流状况迅速地承接并传递排除入渗淋溶的盐分,一方面加强了淋溶作用,另一方面由于较淡地下水与较浓土壤溶液之间的浓度梯度,有一定程度的反向洗盐作用。因此,尽管有一定的腾发作用过程,也不会造成土壤潜水系统的强烈积盐。此种水盐状况一般发生在山前倾斜平原区和具有良好排水设施的灌溉土地上。此种水盐状况是最好

的,一般为肥沃优良的农田。

Ⅳ. 蒸发-潜水径流滞缓的水盐运动状况

此种水盐运动状况一般发生在盆地或平原的低洼地区。此状况,蒸发作用特别强烈。由于潜水径流滞缓甚至无水平运动,因此,潜水不仅不能传递排除降雨淋溶盐分,而且潜水位的抬高进一步加强了蒸发作用。因此土壤表现出明显的盐渍化过程。

以上四大类型之间有许多过渡类型。

改良盐渍土主要是针对蒸发-潜水径流滞缓的Ⅳ型水盐运动状况。改良盐渍土并不是要将潜育土变成淋溶土,而是要加强淋溶作用与潜育作用,抵消积盐作用,使土壤盐分保持平衡。并不是要将Ⅳ型水盐状况改变成Ⅱ型水盐状况,而是要将Ⅳ型水盐状况改变成Ⅲ型水盐状况。排水的任务不应该使潜水层和植物根系分离不发生作用。在灌溉农业条件下,排水应保证潜水和土壤层不断的水盐交换,成功地完成土壤—潜水系统的脱盐过程,并能使作物可以利用一定的潜水。目前人们普遍将毛管水强烈上升高度加主要根系层,作为地下水临界深度的观念。存在着一定的片面性。殊不知在消除盐害的同时,反而加剧了旱情。

针对Ⅳ型水盐运动状况特点和Ⅲ型水盐运动状况特点,忽略地表径流过程的作用,本书以入渗淋溶、蒸腾积盐和潜水作用三大过程为重点进行研究,建立土壤潜水系统水盐运动模型。

在每一运移过程中,溶质的运移形式又可概括为如下几个方面:①土粒与土壤溶液界面处的离子交换吸附运动;②土壤溶液中离子的扩散运动;③溶质随薄膜水的运动;④溶质随土壤中自由水流的对流运动。其中溶质随土壤中自由水的对流运动,在溶质迁移中起主要作用。本章从水动力学角度出发,主要讨论这一对流运动形式,对其他三种形式的运动不进行讨论,并将溶质迁移归结为这一主要原因。

3.2 试用组合数学方法探讨多孔介质水动力弥散尺度效应及溶质迁移机制

3.2.1 问题的提出

3.2.1.1 达西(Darcy)渗透定律

水通过多孔介质所发生的渗透现象称为渗流运动,其运动的物理实质是由于水的流动性和土壤的孔隙性所造成的。对于这一现象,达西通过多次试验,总结出了饱和砂层的渗透规律(雷志栋,1988;孙讷正,1981;薛禹群,1979)

$$q = K \frac{\Delta h}{\Delta z} \tag{3-2}$$

式中, q 为水流通量; K 为渗透系数; Δh 为渗流路径始末断面的总水头差; Δz 为渗流路径的直线长度; $\Delta h/\Delta z$ 为相应的水力梯度。Darcy 定律是建立在实验基础上的,是饱和渗流规律的宏观总结,是当今渗流理论的基础。它将微观的土壤孔隙透水性能的影响归结为宏观的渗透系数 K。

3.2.1.2 水动力弥散方程

由于多孔介质中微观尺度的孔隙水流速度相对于宏观的达西流速的变化引起的溶质分散现象称为多孔介质的水动力弥散。溶质运移基本方程即水动力弥散方程(CDE 方程)将溶质迁移过程归结为达西对流过程、分子扩散过程和机械弥散过程的叠加(雷志栋,1988;李韵珠,1998)。

$$J = qc - D_s(\theta)\frac{\partial c}{\partial z} - D_h(V)\frac{\partial c}{\partial z} \tag{3-3}$$

式中, J 为溶质迁移通量; c 为溶液浓度; q 为土壤水流通量; z 为一维空间坐标; D_s 为溶质在土壤中的分子扩散系数; D_h 为溶质在土壤中的机械弥散系数。

假定机械弥散项和分子扩散项一样符合 Fick 第一定律。由于其表达形式相同,又令

$$D_{sh}(V,\theta) = D_s(\theta) + D_h(V) \tag{3-4}$$

并称 D_{sh} 为水动力弥散系数,则溶质迁移通量表示为

$$J = -D_{sh}(V,\theta)\frac{\partial c}{\partial z} + qc \tag{3-5}$$

根据质量守恒定律推导出溶质运移基本方程

$$\frac{\partial(c\theta)}{\partial t} = \frac{\partial}{\partial z}\left[D_{sh}(V,\theta)\frac{\partial c}{\partial z}\right] - q\frac{\partial c}{\partial z} + s_c \tag{3-6}$$

式中, s_c 为源汇项。该方程的理论基础是 Darcy 定律、Fick 定律和质量守恒定律,基本假定是借用 Fick 定律,并引入水动力弥散系数,描述渗透分散现象。

为了避开孔隙水流质点流动的复杂性,渗流理论引入物理点的概念,将实际的多孔介质处理为假想的连续介质,将土壤的孔隙率、干容重、渗透系数等物理特征参数表示为空间位置的连续函数,并将孔隙中流动的真实分散水流,处理为假想的、充满全部土体的连续水流,把各渗流要素也定义为空间的连续函数。这种假想,给分析工作带来了极大的方便,是渗流运动方程的基本假定,是应用微积分思想,采用数学物理方法分析求解的基础。但是应该指出,用宏观方法研究水流在孔隙中的运动,并不意味着多孔介质的孔隙大小及其分布对水在多孔介质中的流动没有影响。恰恰相反,用宏观方法确定的连续分布的多孔介质几何要素、运动要素本质上正是由其微观孔隙特征确定的(雷志栋,1988;孙讷正,1981)。

3.2.1.3 渗透系数和水动力弥散系数的尺度效应

20世纪60~70年代,水动力弥散理论及其方程广泛应用于描述室内各种多孔介质弥散试验和野外相对均匀的小规模溶质运移试验,取得了满意的结果。但随着溶质运移方程应用于较大规模下,人们发现了水动力弥散尺度效应现象。一般野外测定的弥散系数,要比实验室测定的结果大2~5个数量级。由于水动力弥散尺度效应的物理机制尚未完全了解清楚,使得近30年来,水动力弥散理论在野外的应用遇到了难以逾越的困难(李昌静,1983;赵人俊,1984)。同时,近年来的研究,人们进一步发现渗透系数的尺度效应问题。

为了解决这一问题,只有对多孔介质孔隙中存在的真实水流,进行深入细致的分析,才能找出多孔介质水动力弥散尺度效应的真正原因。为此,从真实水流入手,将土壤的渗透性和水动力弥散性进行统一考虑,重新检验对流-弥散方程的适用性,尤其是Fick扩散定律描述水动力弥散的适用性。

3.2.2 土壤渗透性和水动力弥散性物理机制探讨

溶质浓度为c_1的水溶液,以稳定源或脉冲源方式通过溶液浓度为c_2、横截面为A的某土柱。假设已知孔隙渗流速度分布,其最快孔隙流速为V_{max},最慢孔隙流速为V_{min},其余为$V(i)$,各流速所占的土壤孔隙面积的概率为$p(i)$。并假设土壤是惰性的,而且忽略溶质的分子扩散作用。则可从微观分析其渗流的规律。

3.2.2.1 土壤溶液浓度的微观公式

按照孔隙流速分布,设c_1为一稳定源,当t一定时,距入渗面不同位置的土壤溶液浓度c的计算式为

$$\begin{cases} c = c_1 & 0 \leq L \leq t \cdot V_{min} \\ c = c_1 \sum_{V=\frac{L}{t}}^{V_{max}} p(i) + c_2 \sum_{V_{min}}^{V=\frac{L}{t}} p(i) & t \cdot V_{min} < L < t \cdot V_{max} \\ c = c_2 & L \geq t \cdot V_{max} \end{cases} \quad (3-7)$$

当L一定时,不同时刻t,L处的浓度为

$$\begin{cases} c = c_2 & t \leq \frac{L}{V_{max}} \\ c = c_1 \sum_{V=\frac{L}{t}}^{V_{max}} p(i) + c_2 \sum_{V_{min}}^{V=\frac{L}{t}} p(i) & \frac{L}{V_{max}} < t < \frac{L}{V_{min}} \\ c = c_1 & t \geq \frac{L}{V_{min}} \end{cases} \quad (3-8)$$

设 c_1 为一脉冲源,脉冲时间为 T。当 t 一定时,且 $t > T$,则距入渗面不同位置的土壤溶液浓度为

$$\begin{cases} c = c_2 & 0 \leqslant L \leqslant (t-T) \cdot V_{\min} \\ c = c_1 \sum_{V=\frac{L}{t}}^{V=\frac{L}{t-T}} p(i) + c_2 \left[1 - \sum_{V=\frac{L}{t}}^{V=\frac{L}{t-T}} p(i) \right] & (t-T) \cdot V_{\min} < L < t \cdot V_{\max} \\ c = c_2 & L \geqslant t \cdot V_{\max} \end{cases} \quad (3\text{-}9)$$

当 L 一定时,不同时刻 t,L 处的溶液浓度为

$$\begin{cases} c = c_2 & t \leqslant \dfrac{L}{V_{\max}} \\ c = c_1 \sum_{V=\frac{L}{t}}^{V=\frac{L}{t-T}} p(i) + c_2 \left[1 - \sum_{V=\frac{L}{t}}^{V=\frac{L}{t-T}} p(i) \right] & \dfrac{L}{V_{\max}} < t < \left(\dfrac{L}{V_{\min}} + T \right) \\ c = c_2 & t \geqslant \left(\dfrac{L}{V_{\min}} + T \right) \end{cases} \quad (3\text{-}10)$$

弥散带长度 $L_d = V_{\max} \cdot t - V_{\min} \cdot (t-T)$

一般 $V_{\min}$ 很小。所以 $V_{\min} \cdot T$ 项可忽略。即

$$L_d = (V_{\max} - V_{\min}) t \tag{3-11}$$

3.2.2.2 土壤渗透系数的微观解释

一方面按照 Darcy 定律式(3-2),另一方面按照土壤孔隙流速分布 $q = \sum_{V_{\min}}^{V_{\max}} [V(i) \cdot p(i)]$,联立则:

$$K = \dfrac{L}{\Delta h} \sum_{V_{\min}}^{V_{\max}} [V(i) \cdot p(i)] \tag{3-12}$$

设每一级土壤孔隙流速也符合 Darcy 定律,即

$$V(i) = k(i) \dfrac{\Delta h}{L}$$

式中,$k(i)$ 为 $V(i)$ 相对应的渗透系数。即

$$K = \sum_{V_{\min}}^{V_{\max}} [k(i) \cdot p(i)] \tag{3-13}$$

式(3-13)将宏观渗透系数 K 表示为微观渗透系数 $k(i)$ 之和。渗透系数 K 除受土壤特性控制外,主要与流速分布有关。

3.2.2.3 多孔介质水动力弥散系数的微观解释

当溶质浓度为 c_1 的水溶液,以稳定源方式通过溶液浓度为 c_2,横截面为 A 的某土柱时,要确定 t 时刻,通过距离入渗面为 L 处的溶质流量 S。

一方面,按照孔隙流速分布

$$S = c_1 \cdot \iint_{V=\frac{L}{t}}^{V_{\max}} V \mathrm{d}A \tag{3-14}$$

另一方面,根据式(3-5), $S = J \cdot A$

$$S = \left(- D_{sh} \frac{\partial c}{\partial L} + q c_1 \right) \cdot A \tag{3-15}$$

写成差分形式

$$S = - D_{sh} \cdot A \cdot \frac{c - c_1}{L - V_{\min} t} + q \cdot c_1 \cdot A \tag{3-16}$$

将式(3-14)和式(3-16)联立,则

$$D_{sh} = \frac{-(L - V_{\min} t) c_1}{A(c - c_1)} \left(\iint_{V=\frac{L}{t}}^{V_{\max}} V \mathrm{d}A - qA \right) \tag{3-17}$$

再从孔隙流速分布角度出发

$$qA = \iint_{V_{\min}}^{V_{\max}} V \mathrm{d}A \tag{3-18}$$

所以

$$D_{sh} = \frac{-(L - V_{\min} t) c_1}{A(c - c_1)} \left(\iint_{V=\frac{L}{t}}^{V_{\max}} V \mathrm{d}A - \iint_{V_{\min}}^{V_{\max}} V \mathrm{d}A \right) \tag{3-19}$$

设速度为 $V(i)$ 的土壤孔隙面积的概率为 $P(i)$,则写成离散形式有

$$D_{sh} = \frac{(L - V_{\min} t) c_1}{c - c_1} \sum_{V_{\min}}^{V=\frac{L}{t}} [V(i) \cdot p(i)] \tag{3-20}$$

当 c 采用相对浓度,$c_2 = 0$ 时,$c - c_1 = c_1 \sum_{V_{\min}}^{V=\frac{L}{t}} p(i)$,并按式(3-7)计算,则

$$D_{sh} = - \frac{L - V_{\min} t}{\sum\limits_{V_{\min}}^{V=\frac{L}{t}} p(i)} \sum_{V_{\min}}^{V=\frac{L}{t}} [V(i) \cdot p(i)] \tag{3-21}$$

若水动力弥散系数采用如下形式时

$$D_{sh} = \alpha |\overline{U}| \tag{3-22}$$

因为孔隙平均流速 $\overline{U} = \dfrac{q}{n}$,则

$$\bar{U} = \frac{1}{n} \sum_{V_{\min}}^{V_{\max}} [V(i) \cdot p(i)]$$

式中，n 为孔隙率(m^3/m^3)，所以弥散度 α 可表示为

$$\alpha = -n \frac{L - V_{\min} t}{\sum\limits_{V_{\min}}^{V=\frac{L}{t}} p(i)} \cdot \frac{\sum\limits_{V_{\min}}^{V=\frac{L}{t}} [V(i) \cdot p(i)]}{\sum\limits_{V_{\min}}^{V_{\max}} [V(i) \cdot p(i)]} \quad (3-23)$$

式(3-21)说明，水动力弥散系数与浓度梯度方向相反、与距离成正比，并与土壤孔隙流速分布及大小有关，即孔隙流速 $V(i) < L/t$ 的孔隙愈多，其弥散系数愈大，量纲为 (L^2/T)。当 L 一定时，当 $t = L/V_{\max}$ 时，其弥散系数 D_{sh} 达最大值，$D_{sh} = -(V_{\max} - V_{\min}) t \cdot q$。当 $t = L/V_{\min}$ 时，弥散系数为零。

式(3-23)说明，弥散度与距离 L 及孔隙率成正比，并与孔隙流速 $V(i) < L/t$ 的孔隙流速占 Darcy 平均流速的比例有关，令

$$\zeta = \frac{1}{\sum\limits_{V_{\min}}^{V=\frac{L}{t}} p(i)} \cdot \frac{\sum\limits_{V_{\min}}^{V=\frac{L}{t}} p(i) V(i)}{\sum\limits_{V_{\min}}^{V_{\max}} p(i) V(i)}$$

则

$$\alpha = -\zeta \cdot n \cdot (L - V_{\min} t) \quad (3-24)$$

当 $L = V_{\max} t$ 时，$\zeta = 1$，α 最大，$\alpha = -(V_{\max} - V_{\min}) tn$。
当 $L = V_{\min} t$ 时，$\zeta = 0$，$\alpha = 0$。
令最大 D_{sh} 为 $D_{\max}$，最大 α 为 $\alpha_{\max}$，则有

$$D_{\max} = -L_d q$$
$$\alpha_{\max} = -n L_d$$

以上讨论说明 D_{sh} 或 α 并不是土壤特性常数，土壤孔隙流速分布才是土壤运动特性的表征。D_{sh} 或 α 是时间和距离的函数。这就找到了弥散尺度效应的根源，说明了为什么野外和室内所测弥散度达到几个数量级的差异。弥散度的引入并没有正确表达溶质运移的规律，相反带来的弥散尺度效应，将人们引入了迷茫之中。

3.2.2.4 土壤溶质穿透曲线是土壤运动特性的表征

以上只是在土壤孔隙流速大小及其分布已知且不变的假定前提下，给出了弥散系数、弥散度及渗透系数的物理数学解释和溶液浓度公式。但是，问题的关键是如何确定孔隙流速大小的分布和孔隙流速大小的分布随时间和距离变化。

土壤溶质穿透曲线是土壤孔隙运动特性的表征,对于特定的土体,我们可以通过混合置换试验,测定排出溶液浓度和水量随时间的变化。从而确定土壤溶质穿透曲线,即排出溶液相对浓度随时间的变化。相对浓度$(c-c_2)/c_1$实际上就是每一时刻累计土壤孔隙流速分布概率,即

$$\sum_{V=\frac{L}{t}}^{V_{max}} p(i) = \frac{c-c_2}{c_1} \tag{3-25}$$

3.2.3 多孔介质溶质迁移过程的推求

3.2.3.1 最大最小流速随着横向尺度的变化

设测试土样尺寸为$L \times L \times L$的正方体,其最大流速为V_{max},最小流速为V_{min}。V_{max}的有效路径$L_{emax}=L$,V_{min}的有效路径$L_{emin}=\sqrt{3}L$。并设孔隙流速与有效路径成反比。

当横向尺度扩大时,可扩散渗透范围扩大。当横向尺寸扩大k倍,则土体变为k^2L^3。V_{max}所行路径L_{emax}仍为L,V_{min}相对应路径变为

$$L_{emin} = \sqrt{1+2k^2}\,L$$

$$V_{min} = \frac{V_{max}}{\sqrt{1+2k^2}}$$

当k很大时

$$V \approx \frac{V_{max}}{k\sqrt{2}} \tag{3-26}$$

$$L_d = \left(1 - \frac{1}{k\sqrt{2}}\right) V_{max} L$$

所以,随着横向尺度的加大,V_{min}减小,L_d加大,q减小。当水力梯度一定时,k也减小。以上仅假定L_{emax}为土体的最大斜向路径。实际上土壤内部的渗透分散要复杂得多。其实际有效路径需通过大量的试验确定。由此表明不进行尺度修正,将室内试验直接应用于田间野外,将会得出错误的结论。最大最小流速之差是机械弥散的真正原因。

3.2.3.2 土壤孔隙流速随着距离的变化——流速推进组合算法

假设有一穿透试验,测得土壤孔隙运动特性数据如表3-1所列。且已消除水力梯度影响,即$\frac{\Delta h}{\Delta z}=1$,其渗透系数$K=0.0605\text{cm/min}$。

随着运行距离的加长,水流分散渗透的机会,分支合并的次数和可运行路径都在增多。设土壤孔隙大小在空间上分散均匀,则大小孔隙碰面机会均等。为此,根

表 3-1　流速组合基本数据表

孔隙流速 $u(i)$	概率 $p(i)$	孔隙面积 $m(i)$	孔隙流速 $V(i)/(\text{cm/min})$	渗透系数 $K(i)/(\text{cm/min})$
0.20	0.2	0.1	0.020	0.020
0.25	0.5	0.2	0.050	0.050
0.35	0.3	0.3	0.105	0.105

据组合数学原理(屈婉玲,1989),仿照多项式定理,对土壤水分运动过程进行组合相拼。其计算公式为

$$\begin{cases} u(j) = \dfrac{u(i)+u(k)}{2} \\ p(j) = p(i)p(k) \\ m(j) = \dfrac{[m(i)+m(k)]}{2} \end{cases} \quad (3\text{-}27)$$

式中,i、k 为多孔介质水流速度分组序号;j 为 i、k 组合后的水流速度分组序号。现以前面假定例子,对其计算过程进行描述。当 L 扩大 2 倍时,进行全排列,其计算孔隙流速大小,孔隙面积及孔隙概率见表 3-2。

表 3-2　$2L$ 时流速组合基本数据表

$u(i)$	0.20	0.225	0.25	0.275	0.30	0.35
$p(i)$	0.04	0.20	0.25	0.12	0.30	0.09
$m(i)$	0.10	0.15	0.20	0.20	0.25	0.30

以此类推,可分别求得 $4L$,$8L$ 时的土壤孔隙流速分布。然后,则可以在流速分布已知的前提下,根据式(3-7)~式(3-11)求得溶质迁移过程及其弥散结果(图 3-1)。弥散主要特征数据随尺度的变化见表 3-3。$4L$ 和 $8L$ 时浓度随时间和距离的变化曲线,见图 3-2~图 3-5。

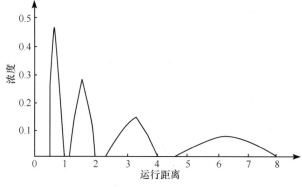

图 3-1　弥散峰形变化过程

第3章 土壤水盐运动机理

表 3-3 弥散主要特征数据随尺度的变化

相对距离 L	渗透系数 K	相对弥散峰值浓度 C_{max}	弥散峰值相对位置 L_{emax}	溶液最小迁移距离 L_{min}	弥散带长度 L_d	弥散系数 D_{shmax}
1	0.2700	0.4600	0.714	0.5714	0.4286	0.1157
2	0.2700	0.3300	1.714	1.1429	0.8571	0.2314
4	0.2695	0.1510	3.114	2.2857	1.7143	0.4620
8	0.2694	0.0884	6.286	4.5714	3.4286	0.9240

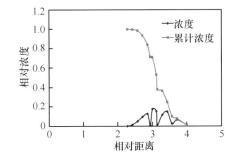

图 3-2 4L 时浓度曲线

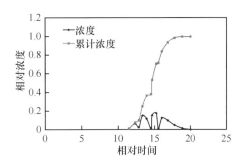

图 3-3 4L 时浓度曲线

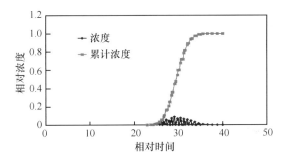

图 3-4 8L 时浓度曲线

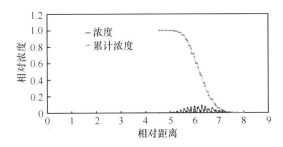

图 3-5 8L 时浓度曲线

3.2.4 溶质迁移过程分析

计算机演算图表可以说明如下问题：

在不考虑分子扩散情况下，弥散和渗透是统一的。只是因为渗透可以不考虑水流质点间速度的差异，可采用宏观的方法来研究。而研究溶质迁移时，为了求得溶液浓度变化必须考虑质点的运动规律和质点间速度的差异。

渗透系数有一定的尺度效应，但随着尺度的加长，渗透系数逐渐减小，最后趋于一稳定数值，且趋近速度较快，见表3-3。

弥散系数随着尺度的增大而增大，最大弥散系数是弥散带宽度和 Darcy 流速的乘积。随着距离的加长，弥散带加长，弥散晕峰值逐渐降低。由于土壤孔隙流速的随机组合过程，溶液浓度峰形，逐渐趋于正态对称分布。

随着弥散范围的扩大，浓度的降低，水动力弥散的结果是溶液浓度与背景浓度趋于一致。

3.3 小 结

从土壤水盐运动的影响因子、作用过程和作用机理三个方面研究和探讨土壤水盐运动的原理和机制。通过影响因子、所属环境系统、作用过程和作用机理的分析，可总结出：气象、地学、植被和人为四大因子，在大气、植被、土壤和地下水这一连续体系中，以入渗、蒸发蒸腾、地面径流和地下水流四大作用过程的强弱交替组合运动方式，作用于水盐这两个运动性较强的物质，使其在土壤多孔介质中运动，是土壤水盐运动的基本原理。地学条件是水盐运动的基础，是水盐运动的介质。气象、植被和人为因素，通过地学条件而作用于水盐运动系统。水盐又相互作用，水作为溶剂是盐分运移的传输介质，水流传输介质和溶质之间的运移关系是土壤水盐运动的主要机制。

世界不是一成不变的事物的集合体，而是过程的集合体。土壤水盐动态过程是降雨灌溉入渗淋溶过程、土壤蒸发植物蒸腾过程、地面径流过程和地下水流过程强弱交替作用的综合和叠加。正是这四大过程的交替作用造成土壤水盐动态的复杂变化过程。依据这四大过程的强弱组合方式，可将土壤水盐动态分为四个基本类型：Ⅰ. 侵蚀-蒸发淋溶型；Ⅱ. 蒸发淋溶型；Ⅲ. 淋溶蒸发-潜水径流通畅型；Ⅳ. 蒸发-潜水径流滞缓型。土壤水盐动态调控是要将Ⅳ型变成Ⅲ型，而不是变成Ⅱ型。而目前地下水位的持续下降却是向Ⅱ型急速发展。这一土壤水盐动态分类不同于石元春依据气候条件所进行的区域水盐状况分类，这是从作用过程强弱组合进行的分类。

在溶质运移机制方面，作者大胆地对传统的 CDE 方程提出了质疑，并认为

CDE方程引入弥散系数并应用Fick定律描述渗透分散现象是个错误。为此,从多孔介质的渗流实质入手,分析了水动力弥散系数及渗透系数的物理意义;并在此基础上推导出了多孔介质溶质迁移的基本公式;给出了弥散系数、弥散度及渗透系数的数学物理解释;提出了以溶质穿透曲线为基础,以孔隙流速分布为基本单元,应用组合数学的思想和方法,以计算机为手段的流速推进组合算法。

组合数学是研究按照一定规则来安排一些离散个体的一门数学学科。以此为基础的组合算法和数值计算方法一样是当今计算机领域最重要的两种算法。而组合算法的性质正符合了土壤分散组合的特征。无论是从土壤固液汽三相组成看,还是从土壤剖面层次看,还是从土壤区域差异看,都是由于土壤的随机组合造成了土壤的空间变异性。组合性和分散性是土壤的基本特点之一。正是基于这一特点,本章将组合数学尝试用于土壤溶质迁移的研究上,避开传统的对流弥散方程,用分散机理和组合相拼来研究土壤溶质迁移特性。初步尝试证明了该方法的可行性。该方法是描述大尺度弥散现象的重要方法,它使得推求不同尺度的弥散效果成为可能。组合数学应用于土壤学也许会成为土壤空间变异和水动力弥散尺度效应问题困扰的重要突破点,为室内试验成果正确应用于野外开辟一条通道。

第4章 土壤水盐动态中长期预测预报理论和模型

气候条件是土壤水盐动态的重要决定因素,土壤水盐动态表现出与气候一致的季节性变化规律,因而土壤水盐动态也具有像气候一样的预测预报可行性。本章借鉴气候预测预报的理论和方法,应用预测学原理,在现有土壤水盐运动原理和方法的基础上,建立土壤水盐动态的中长期预测预报的理论和模型。

4.1 中长期预测预报理论

预测预报研究是在复杂多变的综合因素中探索事物发展前景的研究,是一门新兴的综合性学科。在人类社会和自然科学中,普遍存在着预测预报问题,大至宇宙的未来演化、人类历史发展趋势,小至人寿预测等。预测的目的就是为了解决这一复杂又不肯定的因素,并研究应付它的方法,向决策者建议各种可供选择的方案和可行性范围,它告诉决策者一个事件在各种不同条件下可能的结果和对策。随着科学技术物质文明的发展,人类有必要也有能力预测未来,预测已变成发展人类科学文明的不可缺少的手段。

一切正确的预测都必须建立在对客观事物的过去和现状进行深入研究和科学分析的基础之上。历史是连续的,过去、现在和未来是有规律可循的,预测就是既立足于过去和现在,同时又使用一种逻辑结构把它同未来联系起来,对许多不肯定的因素做出分析和判断,以达到对预测的目的。

科学的预测一般有以下三种途径:一是因果分析,通过分析研究事物的形成原因来预测事物未来发展变化的必然结果。二是类比分析,比如把单项技术的发展同生物的生长相类比,把正在发展中的事物同历史上的先导事件相类比等等,通过这种类比分析来预测事物的未来发展。三是统计分析,它通过一系列的数学方法,对事物过去和现在的数据资料进行分析,去伪存真,由表及里,揭示出历史数据背后的必然规律,推测出事物的未来发展趋势。

无论上述哪种方法都是建立在预测对象已有的历史资料的基础之上的,所以说,预测预报是一种逻辑工作。预测就是在分析已有资料的条件下,对未来提出的合乎逻辑的推断。它是以事物发展的客观实际作为依据,同时又是以事物发展的结局来验证的。

4.1.1 预测预报的基本原则

4.1.1.1 系统性原则

预测者必须全面分析预测事件本身及与本身有联系的所有因素的发展规律。将事物作为一个互相作用和反作用的动态整体来研究,不单是研究事物本身,而且要将事物本身与周围的环境组合以综合体来研究。通常采用树状分析、系统网络、图表、流程图等方式,形象地给出预测事件系统的整体性和发展方向。该要求预测者只能客观地如实地反映预测对象及其相关因素的发展规律及组合,不能随意增减某些因素或改变他们其中的组合方式。

4.1.1.2 联系性原则

预测对象的相关因素之间及预测对象与相关因素之间存在着某种依存关系,预测者应全力剖析这种联系的本质,并对本质上并不重要的因素加以忽略,而突出那些重要的因素。联系性原则是指相关因素的横向联系用其作用与反作用的依存关系,这对确定预测的性质极为重要。

4.1.1.3 变化性原则

预测对象的相关因素不是一成不变的,它同样有自己的发展历史。这些因素的各个发展阶段,对预测对象都有影响,有时甚至会改变预测对象的发展方向。相关因素是预测对象内部矛盾性的外因或外界条件,如果外部条件变化很平稳,或处于相对稳定状态,则预测者可以利用历史资料进行外推,预测事件的发展。但外部条件也有发生巨大变化的可能,预测时必须考虑。生长曲线、趋势外推都是建立在条件不变的前提下,这对短期预测还可适用,但对长期或中期预测就不行,那时将需用包络曲线法。

4.1.1.4 人对自然的适应性原则

预测者应对人类本身适应自然、改造自然、创造未来的能力,预以充分的估计。

以上四个原则应当贯穿在预测过程的始终,只有这样才能在预测的各个层次中作出正确的结论。

4.1.1.5 预测的全讯假设原则

设描述事物运动的微分方程为

$$\frac{\partial x(t_i)}{\partial t} = F(x, \alpha, t) \tag{4-1}$$

式中,x 为状态变量;α 为参量,t 为时间;t_i 表示处在时刻 i。

对上式积分,取不同的时间积分限得

$$x(t_1) - x(t_0) = \int_0^1 F(x,\alpha,t)\mathrm{d}t$$

$$x(t_2) - x(t_1) = \int_0^2 F(x,\alpha,t)\mathrm{d}t \quad (4\text{-}2)$$

$$\vdots$$

$$x(t_{n+1}) - x(t_0) = \int_0^{n+1} F(x,\alpha,t)\mathrm{d}t$$

如果把上列方程的左边的状态变量在不同时刻的值按时间顺序排列起来就得到了时间序列

$$x(t_0), x(t_1), x(t_2), \cdots, x(t_n), x(t_{n+1})$$

若 $n\to\infty$,按数理统计的观点,则有了足够的采样来估计该序列的统计量及对本身作预测,也就是说,这是从时间序列分析的观点对数据所含信息的假设,认为当序列长度足够长时它包含了能制作未来预测的全部信息,我们不妨说,这是时序分析的全讯假设。由于时间序列中的每一刻的数值都可以视为事物内部状态的过去变化与外部所有因子共同作用的结果,该时刻的状态量反映了事物本身的过去所有信息和外部影响信息。因此,一旦采样时刻足够多,状态变量就能包含事物发展的全部信息。

尽管这一假设不易直观地为人所接受,但当人们运用时间序列分析这一数学工具时,实际上蕴涵了这一全讯假设。

再看式(4-2)右边一系列的积分表达式,它是对 F 值不同时刻数值的累加,或者说右边的积分列是事物变化累计效应的反映。把式(4-2)写成一般化形式,即

$$x(t) = x(t_0) + \int_0^t F(x,\alpha,t)\mathrm{d}t \quad (4\text{-}3)$$

这意味着,运用微分方程的动力学预报,是在初值 $x(t_0)$ 上加上关于函数 F 的累计效应,这就要求两者都要准确,即初值有精确的观测值,而函数 F 要能精确描写状态变量 x 和参量 α 随时间的变化。一旦我们采用某种数学模型,则函数 F 也被确定,因此初值 $x(t_0)$ 就起着决定性作用,也就是说,初值 $x(t_0)$ 中包含了预测未来事物的全部信息这是在动力预报中隐含地引进的全讯假设(魏凤英、曹鸿兴,1990)。如果初值 $x(t_0)$ 不是一个点而是一个场,这时,显然要求以上所有的观测点尽可能地多,以便场包含事物的全部信息,也就是有 $x(t_0), i\to\infty$ 的假设。

尽管动力预报和时间序列分析有式(4-2)一系列方程联系着,但由于两种数学工具大相径庭,分支到后来,几乎无共同之处可言,但在全讯假设这点上却有着共同的要求。

全讯假设受到物理学的挑战。因为无论在时间上还是在空间上采样点的加密,就会把更小尺度的运动输入,而模式所描述的运动尺度范围是相当有限的。小

尺度的引入势必会干扰模式所描述的运动的变化,如果方程是非线性的,则会最终导致计算发散或者计算所得结果与实际大相径庭。从这种意义上讲,全讯假设的矛盾反映了长期预测的困难性。一方面从数学上讲,人们希望能得到更稠密的数据,另一方面从物理上讲,更多的数据又有可能淹没问题的本质,使预测变坏,这或许可以说是预测上的悖论。

4.1.2 中长期预测预报特点

设研究对象为 x,在时刻 $t=1,2,\cdots,N$ 的离散观测值为

$$x(t) = \{x(1), x(2), \cdots, x(N)\}$$

式中,$x(1)$ 为初始观测值;$x(N)$ 为最近一次观测值。对 $x(t)$ 建立数学模型

$$x(t) = F(x, \alpha) + \varepsilon \tag{4-4}$$

式中,α 为参数;ε 为误差。称

$$x(t) = F(x, \alpha), 1 \leq t \leq N \tag{4-5}$$

为模型的拟合值,称

$$x(N+q) = F(x, \alpha), q > 0 \tag{4-6}$$

为模型对 x 的 q 步预测。例如我们于 2000 年作 2010 年的预测,预测步数 $q=10$。因此可以说,长期预测是一种多步预测,而不仅仅是时间上的长短。也就是说相应的数学模型必须具有作多步预测的能力。既然预报得时间长,就不可能预报得很准确。

设就 x 作了时间长度为 l 的预测,它的可预测度为 ε,则可将这种关系写为

$$l \cdot \varepsilon \leq c(x, \beta) \tag{4-7}$$

c 为一反映可预测程度的极限常数,β 为依赖于预测方法的参数。

设可预测度用绝对值误差的倒数来表示,即 $\varepsilon = 1/|x - \hat{x}|$,则上式改写为 $l/|x - \hat{x}| \leq c(x, \beta)$,我们不妨称此为预报不准确关系式(魏凤英、曹鸿兴,1990)。

预报不准确关系式反映了客观事物发展的复杂性和不确定性,人们把握事物发展的能力随着时间而减弱。根据预报不准确关系式,预报的时间越长,预计可达的误差越大。但人们希望在总趋势上、总方向上要预报对。因此,要作长时期的多步预测,把未来趋势预报准确或者级别不要预报错是长期预测模型必须重点加以考虑的事情,长期预报不要求预报的细,但总的趋势要求预报的准确。

4.1.3 预测步骤

从大量事实来看,预测大体由预测对象分析、预测模型的建立、预测方法的应用、预测精度分析四个层次组成(李铁映、张昕,1984)。

4.1.3.1 预测对象分析

要预测的事物称为预测对象或预测量。正确地把握预测对象,不被表面现象所迷惑,是正确预测的前提。预测对象分析就是分析预测对象的性质,即分析预测对象的内部矛盾及该矛盾诸方面所占的地位。这种分析要调查大量事实、查阅各种资料文献、集中各种经验。预测对象分析与预测目的和所使用的预测理论有关,预测目的决定了预测性质、预测范围和预测理论的使用,因而也决定了预测的复杂程度。值得提出的是,有些预测性质是隐含在其他的预测之中。本书要进行的土壤水盐动态,就隐含在气候、水资源的预测之中。预测对象分析是预测的第一步,是预测极其重要的一步,预测者需花很大的力气才能作好。

4.1.3.2 预测模型的建立

所谓模型,就是用尽可能简单的、形象的方法,描绘出所要预测的对象是什么样的。预测模型要在整体上表现出预测对象及其相关因素联系、依存、变化和运动的关系。建立模型与所采用的理论有关。理论决定模型,不同的指导理论就有不同的模型。究竟哪种能达到预测目的,取决于对预测对象的分析。有的预测对象需用多种理论,因此就会有多方案模型。

为了深刻认识预测对象,人们在不同的领域中积累了很多经验,创造了许多模型,如:树状模型,形象地绘出预测对象和相关因素的地位和联系;构造模型,直观表述预测对象的组成和联系,该模型可以清楚地表示预测对象的构造、系统和功能,但对于各系统联系及重要性表示不够,有人加上重要性系数,表示重要性程度;程式模型,类似于化学工程中的流程图,能表示预测对象的运动状态及因果关系、发展步骤、形象地给出预测对象发展的控制步骤和重要程度;如果预测对象是以其他事物的兴衰、长消为存在前提,则可用图示分类比较模型;如果预测对象很复杂,需要借鉴历史,也可用先验模型,如类推法所使用的那样。网络模型,对弄清多因素的复杂关系非常实用,特别对于规划性预测很方便;当预测者一无经验数据,二又概念模糊时,可以采用试验模型,如特尔斐法。试验模型在设计工作中经常采用。逻辑推论模型也比较多用,它是以事物合乎规律的发展为依据的,由于预测者占有过去和现在的数据,他就可以延伸推论,外推法和趋势外推法就是以逻辑推论模型为依据的。

如果预测者不能清晰而透彻地说明预测对象的性质,它就不能建立有效的预测模型,而没有模型也就不能进行任何预测。

4.1.3.3 预测方法的应用

依据预测对象性质和预测模型,预测者可以采用各种不同的方法进行预测。

预测方法上大体可分为三类,即数学模型方法、推理法和试验法;从预报性质上,可分为定性预报和定量预报;从预报目的上,分为事物生消的预测即预警预报、事物发展趋势或类别的预报、事物发生或存在时间的预测和事物未来状况的数量预报;从预报时段上,分为短期预报和中长期预报。也可从别的角度来划分预测技术,例如分为探索性预测技术、规范性预测技术和直观性预测技术。尽管预测技术的形式繁多(至今已有300余种),但对长期的多步预测或者缺少方法,或者预报效果太差,以致各种方法被时间湮没。预测方法的选择要根据预测对象性质和预测模型来决定。

4.1.3.4 预测精度分析

为对预测精度这一概念作一描述,引进误差和相对误差两个基本定义:误差即预测值与实际值的偏差,相对误差即误差在实际值中所占的百分数。一般来说可以用这两个量来表征我们的预测精度。

影响预测精度的主要因素是基础资料、预测方法和相关领域基本理论的熟悉程度。当预测因素选择、模式的建立以及预测值求解过程无一不与原始资料有关,资料的完全与否、正确与否直接影响预测结果和精度。因此,为进行一项预测工作,必须投入相当大的力量去进行资料的收集和鉴别工作,必要时进行抽样调查,以获得有用的、完全的基础资料。此外,预测者还必须对预测对象所服从的统计分布特性,所遵循的物理定律以及对不同预测方法的原理、基本假设、适用范围等有深入的了解,才能做到理论明确、方法简明、精度提高。预测模型是根据预测对象所在领域中的基本理论建立的,只有如此,它才能反映预测对象的内在规律性。

预测者在给出一项预测结果的同时,为了决策的需要必须采取一定的方法检验一下预测的效果。检验预测精度的方法很多,同时也都有一定的局限性。一般来说对时间序列上的预测可用后验预测精度分析法,即用远期的历史数据预测,近期的已有的数据来作出未来预测结果的精度分析。对具体方法,各自有各自的精度分析方法。比如回归分析,其中回归的效果检验就是一种精度分析。同样对直观预测中的特尔斐法通过专家组的权威性系数、专家组人数以及专家组意见的协调程度等,对专家预测的精度作出分析。

4.2 土壤水盐动态中长期预测预报对象

目前,在理论与实际的联系方面还没有一本比较成熟的土壤水盐动态预报专著。根据上述预测原理、原则和方法步骤,我们来研究土壤水盐动态预报理论。有关土壤水盐动态与外界条件的关系和变化规律,以及土壤水盐运动原理和机制在第三章已作了深入研究,实际是预报对象分析。因此,本节重点讨论土壤水盐动态的表征变量和农业生产对土壤水盐状况的要求指标。

4.2.1 土壤水盐动态表征变量

4.2.1.1 土壤水盐动态的时空尺度

土壤水盐动态是指土壤—地下水系统中盐分和水分随时间和空间的变化,主要内涵包括土壤不同层次的含水量、含盐量、地下水位、地下水矿化度。根据预报目的和预报特点,其空间尺度和时间尺度一方面应符合气候变化阶段和植物生长发育规律,另一方面要符合农田耕种土壤层次和植物根系发育生长特点。

土壤水盐动态的变化有季节和年度变化规律,因此与气候变化的节拍较一致。因此时间尺度可采用气候预测的时间尺度。我国传统的 24 个节气,是农业耕耘和气候变化相协调的总结,为此,以旬和半月为间隔的时间步长较为适宜。

我们研究的土壤为农田耕种土壤,其空间尺度要适应耕作土壤的特性,综合考虑耕作影响层(耕作层和犁底层 18~50cm)、土壤水分控制层(一般以 50cm 的土壤水分状况诊断其干旱、湿润程度)、土壤盐碱化分级(以 0~20cm 或 30cm 土层的含盐量为准)原则,以及一般作物的主要根系层和根系最大伸长范围,空间步长(土壤层次)定为:耕作层 0~20cm、心土层 20~50cm、底土层 50~100cm、地下水毛管活动层 100cm~地下水位、地下水层。

4.2.1.2 土壤溶液电导率、溶液浓度、含水量和全盐量关系

目前,土壤水盐动态的监测分为采样分析测定和原位测定。常规监测项目有:野外采样室内分析测定土壤全盐量和含水量及其化学组成、中子仪原位测定土壤体积含水量、负压计原位测定土壤水吸力、盐分传感器原位测定土壤溶液电导率。由于监测方法不一致,造成了水盐动态数据的不一致。究竟哪几个监测项目才能全面地反映土壤水盐状况。为此需要对各项目之间的关系和差别进行分析,尽管有些人对各项目之间的关系做过一些定量研究工作,但还需要从表示土壤水盐动态的角度进行全面系统的分析。

各国有不同的习用方法表示土壤盐化状况。如饱和、1:1 和 1:5 土水比土壤含盐量百分数或千分数、饱和泥浆浸提液的电导率、1:5 土水比泥浆浸提液的电导率、直接榨取土壤溶液或原位测定土壤溶液电导率等。我国长期习用 1:5 土水比浸提液的土壤含盐量百分数表示,这些表示法各有其优缺点,而且它们之间并不是简单的线性关系。土壤含水量、盐分组成以及土壤温度也起着相当大的作用。究竟以什么测定值表示盐分动态,需要有一个统一的标准,以及各度量测定值之间的互换关系。

有关文献已有的土壤溶液电导率与土壤溶液浓度之间的关系(王遵亲,1993;石元春,1983,1991a;李韵珠,1998)

当 EC 在 $0.1\sim10\mathrm{mS/cm}$ 范围时:$C\approx10EC$ 或 $C\approx10.5EC$,C 的单位为 mmol/L

当 EC 在 $15\mathrm{mS/cm}$ 以下时:$\lg C = 0.955 + 1.039\lg EC$,$C$ 的单位为 mmol/L

当 EC 在 $3\sim30\mathrm{mS/cm}$ 范围时:$C = 640EC$,C 的单位为 mg/L

$C = 0.773EC - 208$,C 的单位为 mg/L

$C = 670EC$,C 的单位为 mg/L

无论饱和、1:1 和 1:5 土水比土壤含盐量、饱和泥浆浸提液的电导率、1:5 土水比泥浆浸提液的电导率,它们都包括了土壤液相和固相中的盐分,是土壤盐分总量,即全盐量(每1kg干土中所含的盐分重量(g))。而田间实测的电导率却只能表示当时土壤含水量条件下的土壤液相中所含的盐分。因此,即使不考虑不同含水量水平时土壤水的溶解度的差异,由田间实测的电导率换算所得的土壤含盐量也不同于定义的土壤全盐量。究竟以田间实测电导率表示盐分动态,还是以采集土样的1:5 土水比的电导率表示盐分动态,需加以认真分析。

田间实测电导率表示了土壤液相的质,土壤含水量表示了土壤液相的量,土壤溶液的量与质直接影响作物根系,采集土样的1:5 土水比的电导率表示了土壤全盐量。土壤中全盐量、含水量和田间实测电导率随时空的变化全面反映了土壤水盐动态。研究这三者之间的关系,确定合适的监测方案,才能正确表示土壤水盐动态。但由于受气象影响,土壤含水量和田间实测电导率都变化频繁,而且大面积实测田间电导率和含水量是不现实的,而土壤全盐量相对要稳定一些,特别在我国现存的许多水盐动态资料是采集土样的1:5 土水比的电导率。所以需要针对不同类型的土壤进行试验,以便充分利用现存的各种资料。

4.2.1.3 土壤水吸力和土壤含水量关系

土壤水吸力是随土壤含水率而变化的,其关系曲线称为土壤水分特征曲线。土壤水分特征曲线表示土壤水的能量和数量之间的关系,是研究土壤水分的保持和运动所用到的反映土壤水分基本特性的曲线。

土壤水分特征曲线由试验实际测定给出。但由于温度、水分变化过程、容重、结构等因素的时空易变性。因此,某一固定土体的土壤水分特征曲线也是在不断变化的。因此,还需要掌握土壤水分特征曲线的变化规律。正如上章所论述的,土壤水分特征曲线也是土壤最重要的特性之一。土壤水分特征曲线的动态变化也是土壤质量动态变化的重要方面。

4.2.1.4 土壤水盐动态表征变量

田间实测电导率表示土壤液相的质,土壤负压表示其水分的有效性,土壤含水量表示了土壤液相的量,土壤溶液的量与质直接影响作物根系,采集土样的1:5 土水比的电导率表示了土壤全盐量。土壤全盐量表示了土壤盐分的最大可能威胁,固相盐是全盐与液相盐之差,表示了土壤盐分的潜在威胁。土壤中全盐量、固相盐、液相盐、含水量、土壤负压随时空的变化全面反映土壤水盐动态,因为:

土壤溶液浓度 = 电导率浓度曲线(或640) × 田间传感器电导率

全盐量 = 电导率浓度曲线(或640) × 1:5 土水比的电导率

液相盐 = 土壤溶液浓度 × 土壤含水量

全盐量 = 液相盐 + 固相盐

土壤含水率 = 水分特征曲线函数(负压)

则:固相盐 = 电导率浓度曲线 × 1:5 土水比的电导率 - 水分特征曲线函数(负压) × 电导率浓度曲线 × 田间传感器电导率

从以上关系可知,田间实测电导率由全盐量和含水量唯一确定,含水量和电导率则不唯一确定全盐量。因此,从水盐动态定量上则全盐量和含水量更能表示土壤水盐动态的量。但土壤溶液浓度直接作用于植物根系,表示了土壤水盐动态的质。

上式表明田间实测负压(或含水量)、采集土样的1:5土水比的电导率、田间实测传感器电导率是三个原始土壤水盐动态表征量,而田间土壤溶液浓度、土壤含水量和土壤全盐量是三个间接变量,水分特征曲线、电导率浓度曲线是研究地区土壤水盐动态必要的二条水盐特征曲线。

有关三者之间的关系,曾先修等(王遵亲,1993)曾经做过一些研究。

自然对数 $\ln(土壤溶液浓度) = 2.55 + 8.22x_1 - 0.10x_2$

式中,x_1 为土壤含盐量(%);x_2 为土壤含水量(%)。

这样有了监测项目,空间步长和时间步长就可以绘制被监测土壤的水盐动态图。从而分析水盐动态的时空分布规律。0~20cm、20~50cm、50~100cm、100cm~地下水位、地下水5个空间段的负压、采集土样的1:5土水比的电导率、田间实测传感器电导率、水分特征曲线、电导率浓度曲线这5项监测内容的逐旬变化曲线,全面表征了研究土壤的水盐动态。

根据应用习惯和方便,可分别采用三个直接变量:负压、采集土样的1:5土水比的电导率、田间实测传感器电导率,或者用土壤水分特征曲线、土壤电导率浓度曲线二条特征曲线来转换后的三个间接变量土壤溶液浓度、含水量和全盐量表征土壤水盐动态。图4-1给出了土壤水盐状况表征变量之间的关系。这两条关系曲线实际上隐含了当地土壤盐分组成及其溶解能力的特性。

而目前我国同时有采集土样的1:5土水比的电导率、田间实测传感器电导率和土壤含水量的水盐动态资料并不多,要使用这些资料必须根据人类已掌握的溶质运移机理、溶解结晶等土壤物理化学过程对已有的水盐动态资料进行插补延长,对原始资料进行初步整理。

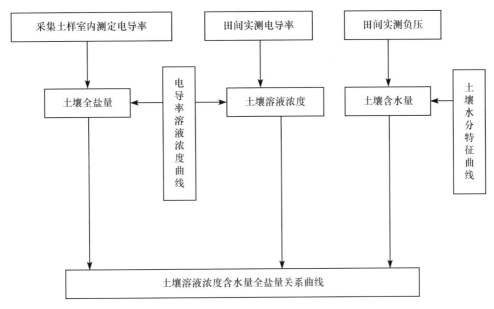

图 4-1　土壤水盐状况表征变量关系图

4.2.2　土壤水盐动态指标

农田土壤水盐动态预报,不仅是预报未来土壤水盐状况,更重要的目的是对比农业上对水盐要求的农田水分盐分供应鉴定预报,或称之为农作物需水耐盐供应状况预报。为此有必要深入讨论土壤水盐动态指标。

4.2.2.1　土壤盐分指标

作物在盐化土壤上的生长过程中能吸收一定量的可溶盐类,但土壤含盐量超过一定数量,作物生长便会受到抑制,土壤含盐量超过一定数量时甚至会造成作物死亡。一般将作物开始受抑制的土壤含盐量称为临界含盐量。作物能忍耐的最大含盐量称为耐盐极限或耐盐度。土壤含盐量小于和等于临界含盐量时植株不受盐害,等于和大于极限值时,植株将死亡。在临界含盐量和最大含盐量之间则作物生长受到不同程度的抑制。为了正确地评价某阶段土壤盐分的农业意义,首先需要知道具有某种农业意义的各种定性与定量的土壤盐分指标。

作物受盐害的生理原因主要有两个方面,一是由于土壤中盐分含量高,使土壤溶液浓度和渗透压增大,水势降低,使作物根系吸水困难,而引起的生理干旱;另一方面是某些盐类离子的毒害作用(主要是 Cl^- 和 Mg^{2+})。由于田间土壤盐分几乎总是含有不同类型盐的混合物,故特定组成盐分对作物的影响往往很小,而盐分总效应即渗透效应通常起主导作用。

不同作物和同一作物的不同生育期,其耐盐能力不同,所受盐害程度也不同,一般作物苗期耐盐能力最差,为耐盐临界期。盐害可使出苗率、株高、穗数、产量等表现出明显的差异。因此,在确定土壤盐分指标时应以作物的盐害程度为依据。

1) 土壤盐化分级指标 在土壤盐化分级时,根据作物耐盐的程度或者是各种盐类对作物的毒害程度,一般以植物根系主要活动层或耕作层,即厚度为 0~20(或30)cm 土层的含盐量为准划分确定土壤盐化轻重程度的等级。采样以春季 3~5 月久晴无雨未灌溉之际为宜。

表 4-1 是根据我国各地实际情况,归纳的土壤盐分分级表(王遵亲,1993)。这是人为的概念性和经验性土壤盐化分级指标,有许多模糊性在里头。

表 4-1 土壤盐化分级表

盐化等级及适用地区	土壤含盐量/%			
	非盐化	轻度	中度	重度
滨海半湿润半干旱干旱区	<0.1	0.1~0.2	0.2~0.4	0.4~0.6
半漠境及漠境区	<0.2	0.2~0.3(0.4)	0.3~0.5(0.6)	0.5(0.6)~1.0(2.0)

2) 耐盐度方程 实际上盐分高低对作物的危害并不是呈级状变化,也没有绝对的所谓临界值,而是连续渐变过程,只是不同级别其盐害程度的变化速率不同而已。

许多人针对不同作物、同一作物的不同生育期的耐盐性进行了试验研究或调查研究,提出了各种作物的耐盐指标、耐盐度方程和盐分生产函数。将作物耐盐度与土壤盐分特性相结合,进行盐渍土盐化等级划分,这更能反映田间实际情况,确定比较合理、有效的改良盐渍土的生理指标。

美国以相对产量的 25%、50%、75% 为基础,通过对 90 多种作物品种的试验综合分析,得出如下计算公式(FAO,1973):

$$y = 100 - B(EC_e - A)$$

式中,y 为作物品种在盐环境中的相对产量(%);B 为盐分每增加一单位(dS/m)产量下降百分数;EC_e 是土壤饱和浸提液的电导率(dS/m);A 为作物品种受害的临界盐分浓度(dS/m)。

根据方生、陈秀玲等人的研究,黄淮海平原盐渍区几种作物的耐盐度方程(王遵亲,1993)为

第4章 土壤水盐动态中长期预测预报理论和模型

$$\begin{cases} y_{小麦} = 100 - 25.038(EC_e - 1.02) \\ y_{夏玉米} = 100 - 16.232(EC_e - 1.38) \\ y_{春玉米} = 100 - 11.870(EC_e - 1.72) \\ y_{大麦} = 100 - 11.975(EC_e - 2.02) \\ y_{棉花} = 100 - 10.300(EC_e - 4.20) \\ y_{大豆} = 100 - 37.722(EC_e - 1.80) \end{cases} \quad (4-8)$$

1973年联合国《灌溉、排水和盐渍度》(FAO,1973)中把作物的耐盐标准分为三级(表4-2):

表4-2 作物耐盐标准划分表

土壤盐浓度	高耐盐作物	中耐盐作物	盐敏感作物
EC_e/(dS/m)	10~16	4~10	2~4
相当土壤干重含盐量/%	0.5~1.0	0.2~0.5	0.05~0.2

联合国粮农组织(FAO,1973)推荐的作物全生育期平均 $EC_{e,\min}$ 及 $EC_{e,\max}$ 如表4-3所示。

表4-3 不同作物土壤临界电导率和可容忍电导率

作物	大麦	棉花	高粱	小麦	大豆	花生	玉米	水稻
$EC_{e,\min}$	8.0	7.7	6.8	6.0	5.0	3.2	1.7	3.0
$EC_{e,\max}$	28.0	27.0	13.0	20.0	10.2	6.0	10.0	11.0

注:表中单位为 mS/cm;$EC_{e,\min}$ 及 $EC_{e,\max}$ 均为土壤饱和提取液的电导率。

下面是作者曾研究过的小麦不同生育期的耐盐度方程(张妙仙,1999)。

(1)小麦出苗率与苗期土壤含盐量的线性耐盐度方程

$$g_r = 100 - 23.505(x - 2.408), R = -0.774 \quad (4-9)$$

式中,g_r 为出苗率(%);x 为 0~20cm 土层的土壤含盐量(g/kg)。

(2)小麦成穗率与返青期土壤含盐量的线性耐盐度方程

$$C_r = 100 - 9.610(x - 1.831), R = -0.813 \quad (4-10)$$

式中,C_r 为相对成穗率,即受盐害的测坑中成穗数与基本不受盐害的测坑的成穗数之比(%);x 为 0~20cm 土层的土壤含盐量(g/kg)。

(3)小麦扬花期株高与土壤盐分的线性耐盐度方程

$$Z_r = 100 - 10.41(x - 2.325), R = -0.863 \quad (4-11)$$

式中,x 为 0~20cm 土层的土壤含盐量(g/kg);Z_r 为相对株高是受盐害株高与不受盐害株高之比(%)。

4.2.2.2 土壤水分指标

土壤水分是作物生长发育的重要条件之一,作物根系层内的土壤水分过低,则不能满足根系吸水要求,产生水分胁迫而造成减产,土壤水分过多则根系层长时间处于水分过多状态,造成土壤通气性降低和有害性还原气体的产生。因此,土壤水分存在上限、下限及其适宜范围。土壤水分是否适宜与盐分的多少一样同样得依据作物产量、出苗、发育生长的好坏来划分。为了正确地评价某阶段土壤含水量的农业意义,首先需要知道具有某种农业意义的各种定性与定量的土壤水分指标。

1) 鉴定播种条件的土壤水分指标

(1) 以墒情等级表示的指标,见表4-4。其中1级和2级墒情若不采取抗旱措施,大部分春播作物便不能正常出苗;3级墒有些作物(如玉米、高粱)可以勉强播种;4级和5级墒情适宜各种作物播种出苗。6级墒水分过多,不利于播种工作的进行,并有碍于种子的正常发芽。

表4-4 壤土类型耕层墒情等级表(质量分数,%)

墒情等级	严重失墒	失墒	下等墒	正常墒	上等墒	饱和墒
等级	1	2	3	4	5	6
含水量	<4	4~8	8~12	12~16	16~20	>20

(2) 以耕作层出苗临界土壤湿度表示的指标,见表4-5。0~20cm耕作层内的含水量影响作物出苗,一般应在10%~20%。

表4-5 耕层作物出苗临界土壤湿度(质量分数,%)

作物	轻黏壤土	砂壤土	砂石壤土
谷子	11~15	10~11	8~10
高粱、玉米	12~14	11~12	9~11
大豆、花生、棉花	15~16	13~15	12~14

(3) 以耕作层有效含水量表示的指标。一般谷类作物当0~20cm土层有效含水量小于5mm则不能出苗,5~10mm发芽缓慢,大于30~40mm才能正常发芽出苗。上述是以干土重百分率表示的土壤水分指标。

2) 作物生长时期的土壤水分指标

(1) 丰产麦田的土壤水分指标(亩产量在250~400kg左右)。丰产麦田返青-起身、拔节-抽穗开花阶段的适宜田间含水量在各土层内土壤水分,如表4-6~表4-8,表中数据是以田间持水量百分率表示的土壤水分指标。

(2) 棉花田的水分指标(表4-9)。

表 4-6　冬小麦适宜土壤水分下限值(田间持水量百分率)

生育期	播种-拔节	拔节-灌浆	灌浆后
高产田	62~75	58~70	50 左右
中产田	54	55~67	50 左右

表 4-7　丰产麦田适宜土壤水分指标(田间持水量百分率)

土层/cm	返青-起身	拔节-抽穗开花
0~20	75~85	65~75
20~50	75~85	65~80
50~100	70~80	70~80

表 4-8　丰产麦田下限土壤水分指标

土层/cm	返青-起身	拔节-抽穗开花
0~20	<15	<14
20~50	<17	<16
50~100	<17	<17

表 4-9　棉花生长适宜供水指标(田间持水量百分率)

发育阶段	播种-出苗	现蕾	开花	吐絮
含水量水平/%	55~70	60~70	70~80	55~70

(3)玉米生长的土壤水分指标。对壤质土而言,幼苗期应保持土壤水分14%~15%,拔节期16%~17%,抽穗期17%~20%,灌浆期17%。总之,0~50cm 土层含水量不低于15%才比较适宜。

3)以土壤吸力表示的土壤水分指标　土壤水吸力是土壤水分的强度指标,植物是否需要灌溉,主要取决于土壤吸力大小而不是决定于含水量高低。土壤水分的绝对数量,与作物需水并无实质性联系。土壤有效水的范围是 500Pa(或1000Pa,3000Pa,视土壤质地而异)到150 000Pa,6000~7000Pa 为毛管水整体联系破裂点,大于7000Pa 土壤中水分运动速度显著降低。以7000Pa为界,将土壤有效水分为对植物易效水和难效水,7000Pa 对多数农作物是生长阻滞点,土壤水分长期>7000Pa 对多数农作物的产量和品质有显著影响,处于 7000~150 000Pa 吸力段的有效水分主要分布于土壤颗粒的表面,形成薄膜水分沿水膜和颗粒间的触点缓慢地移动。这部分水虽然仍能被植物利用,由于移动补给缓慢,常不能满足作物正常生育的需要,使植物处于生长停顿,甚至半萎蔫状态。表 4-10 为某些作物丰产栽培时土壤吸力的上限值。

表 4-10　某些作物丰产栽培时土壤吸力的上限　　　　（单位:Pa）

作物	吸力	作物	吸力
苜蓿	1.5	球茎甘蓝早期	0.45~0.55
苜蓿豆	0.75~2.0	球茎甘蓝现蕾后	0.6~0.7
卷心菜	0.6~0.7	柠檬	0.4
罐头用豌豆	0.3~0.5	柑橘	0.2~1.0
芹菜	0.2~0.3	落叶果树(苹果等)	0.5~0.8
牧草(禾草类)	0.3~1.0	鳄梨	0.5
莴苣	0.4~0.6	葡萄早期	0.4~0.5
烟草	0.8~0.8	葡萄成熟期	>1.0
草皮草	0.24~0.36	番茄	0.8~1.5
洋葱早期	0.45~0.55	香蕉	0.3~1.5
洋葱鳞茎期	0.55~0.65	玉米生长期	0.5~1.0
甜菜	0.4~0.6	玉米成熟期	0.8~1.2
马铃薯	0.3~0.5	莴苣结籽期	3.0
胡萝卜	0.55~0.65	细谷类作物灌浆前期(麦、小米等)	0.4~0.5
花椰菜	0.6~0.7	细谷类作物成熟期	8~12
茶叶	0.4~1.02		

4.2.2.3　土壤水盐动态综合指标——作物水盐生产函数

水盐生产函数是将水分生产函数与盐分生产函数有机地结合起来,形成统一的函数,从而成为土壤水盐动态的评价指标。

(1) 作物水分生产函数。作物水分生产函数已有大量研究,较常用的 Jensen 模型为

$$\frac{Y_a}{Y_m} = \prod_{i=1}^{N} \left(\frac{ET_{a,i}}{ET_{m,i}}\right)^{\lambda_i} \tag{4-12}$$

式中,Y_a 为作物实际产量(t/hm^2);Y_m 为充分供水条件下作物最大产量(t/hm^2);N 为作物生育阶段数;$ET_{a,i}$ 为作物第 i 生育阶段实际腾发量,是农田有效供水量的函数(mm);$ET_{m,i}$ 为作物第 i 生育阶段潜在腾发量(mm);λ_i 为作物第 i 生育阶段缺水对产量影响的敏感性指数。

(2) 含盐条件下农田腾发量。Feddes 和 Vin. Genuchten 等的研究表明:咸水、微咸水灌溉条件下,农田腾发量可表示为作物根区土壤含盐量(渗透势)的函数

$$ET_{a,s} = \gamma(EC_e) \times ET_a \tag{4-13}$$

式中,$ET_{a,s}$ 为作物在土壤水分及盐分联合作用下的腾发量(mm);ET_a 为作物在相

同土壤水分状况,无盐分影响条件下的腾发量(mm);EC_e为作物根层平均土壤饱和浸出液的电导率(mS/cm);$\gamma(EC_e)$为由于土壤含盐而影响作物腾发的影响系数。

Van Genuchten 测得各种作物的$\gamma(EC_e)$可用幂函数表征,$\gamma(EC_e)$的变化范围通常如图 4-2 所示。

图 4-2 中,$EC_{e,\min}$为土壤盐浓度临界值,低于该值时,作物腾发量不受影响。$EC_{e,\max}$为作物能容忍的土壤EC_e最大值,当土壤含盐量大于此值时,作物因生理缺水而死亡。$EC_{e,\min}$、$EC_{e,\max}$与作物种类及生长阶段有关。

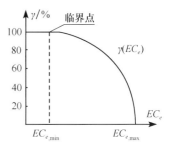

图 4-2 腾发量影响系数示意图

作为一般情况,$\gamma(EC_e)$的函数关系可表达为

$$\gamma(EC_e) = \begin{cases} 1 & ,\text{当}\ EC_{e,a} < EC_{e,\min} \\ \left(\dfrac{EC_{e,\max} - EC_{e,a}}{EC_{e,\max} - EC_{e,\min}}\right)^\rho & ,\text{当}\ EC_{e,\min} \leqslant EC_{e,a} < EC_{e,\max} \\ 0 & ,\text{当}\ EC_{e,a} \geqslant EC_{e,\max} \end{cases} \quad (4\text{-}14)$$

式中,ρ为经验指数,由试验资料分析确定;$EC_{e,a}$为作物根层土壤实际电导率(mS/cm)。

(3)作物水盐生产函数。参照 Jensen 模型,作物水盐生产函数可写为

$$\begin{aligned}\dfrac{Y_a}{Y_m} &= \prod_{i=1}^{N}\left(\dfrac{ET_{a,\delta}}{ET_m}\right)_i^{\lambda_i} \\ &= \prod_{i=1}^{N}\left(\dfrac{\gamma(EC_e)\cdot ET_a}{ET_m}\right)_i^{\lambda_i}\end{aligned} \quad (4\text{-}15)$$

根据式(4-14)和式(4-15),构造新的动态响应模型为

$$\dfrac{Y_a}{Y_m} = \begin{cases} \prod\limits_{i=1}^{N}\left(\dfrac{ET_a}{ET_m}\right)_i^{\lambda_i} & ,\text{当}\ EC_{e,a} < EC_{e,\min} \\ \prod\limits_{i=1}^{N}\left(\dfrac{EC_{e,\max} - EC_{e,a}}{EC_{e,\max} - EC_{e,\min}}\right)_i^{\sigma_i}\left(\dfrac{ET_a}{ET_m}\right)_i^{\lambda_i} & ,\text{当}\ EC_{e,\min} \leqslant EC_{e,a} < EC_{e,\max} \\ 0 & ,\text{当}\ EC_{e,a} \geqslant EC_{e,\max} \end{cases}$$

(4-16)

式(4-16)中,σ_i为作物第i生育阶段土壤盐分对产量影响的敏感性指数,$\sigma_i = \rho_i\cdot\lambda_i$;$\lambda_i$为作物第$i$生育阶段土壤水分对产量影响的敏感性指数;其余符号意义同前。虽然式(4-15)和式(4-16)中的λ_i形式一样,但式(4-15)中λ_i反映了土壤水分和盐分的耦合影响,其物理意义与式(4-16)是不一样的。由于ET_a的大小由作物田间供水量决定,而$EC_{e,a}$反映了根层土壤的平均含盐量,显然式(4-16)描述了

作物不同生育阶段对土壤水-盐含量的动态响应。张展羽、郭相平得出冬小麦 σ_i 及 λ_i 值,如表 4-11。

表 4-11　冬小麦 σ_i 及 λ_i 值

项目		生育期				
		播种-分蘖	分蘖-返青	返青-拔节	拔节-抽穗	抽穗-成熟
式(4-16)	σ_i	0.332	0.203	0.182	0.210	0.074
	λ_i	0.124	0.083	0.052	0.304	0.251
式(4-15)	λ_i	0.328	0.208	0.164	0.316	0.180

4.3　土壤水盐动态预测预报体系

4.3.1　土壤水盐动态预测预报概念模型

通过对预测预报对象——土壤水盐动态的分析,确定了其时空尺度、监测表征变量、土壤水盐动态指标、主要影响因素、所属环境系统、主要作用过程、主要作用机理及其时空分布和变化规律。由此可以定义:土壤水盐动态是发生在地下水—土壤—植物—大气系统中,以入渗、蒸发蒸腾、地面径流和地下水水平流动为基本过程,以水为传输体,以土壤全盐量、土壤溶液浓度、土壤含水量为表征,通过土壤多孔介质的水盐运动状况。

土壤水盐动态预报是为土壤水盐状况而编发的一种专业性预报。它是针对农业生产对象对土壤水盐状况的适应性和要求,以水盐动态最优化为目的,以气候预测(主要是降水和腾发)为前提,以土壤—植物—大气—地下水系统的影响因素为预报因子,以溶质运移理论为基础,将入渗、蒸发蒸腾、地面径流和地下水水平流动四大子过程进行合乎规律的叠加、综合或交替,运用一定的预报方法而编制的一种专业性预报,是对农业生态环境质量指标的预测。其数学描述如下:

某一瞬间的土壤水盐运动状况(WS)

$$WS(t) = F(cl, hg, gm, sl, vg, lm, \cdots) \cdot \tau \cdot WS(t-1) + WS(t-1) \quad (4-17)$$

式中,t 及 $t-1$ 指时间;τ 指从 $t-1$ 到 t 的时段,

令　　　　　　　$F(cl, hg, gm, sl, vg, lm, \cdots) \cdot \tau = F(\ ) \cdot \tau$

则　　　　　　　$WS(t) = [1 + F(\ ) \cdot \tau] WS(t-1) \quad (4-18)$

式中,WS 为土壤水盐状况;cl 为气候因子;hg 为水文地质;gm 为地貌;sl 为土壤;vg 为植被;lm 为人为因子;$F(\ )$ 为环境因子作用函数。

上式的意义是下一时刻的土壤水盐状态是上一时刻土壤水盐状态,在环境因子作用下所产生的变化。土壤水盐动态预报则是依据环境因子的变化规律和环境

因子与土壤水盐的相互作用机理推求下一时刻的土壤水盐状态。短期预报仅是一步预测,短期预报可近似环境因子变化不大,仅根据环境因子与土壤水盐的相互作用机理推求下一时刻的土壤水盐状态。而中长期预报则是多步预测,不仅要根据环境因子与土壤水盐的相互作用机理,而且要有相当精度的未来环境因子的预测,才能一段一段地推求未来较长时段的土壤水盐动态。

$$WS(t_1) = [1 + F(\ ) \cdot \tau] WS(t_0)$$
$$WS(t_2) = [1 + F(\ ) \cdot \tau] WS(t_1)$$
$$WS(t_3) = [1 + F(\ ) \cdot \tau] WS(t_2)$$
$$\vdots$$
$$WS(t_{n-1}) = [1 + F(\ ) \cdot \tau] WS(t_{n-2})$$
$$WS(t_n) = [1 + F(\ ) \cdot \tau] WS(t_{n-1})$$
(4-19)

上式是利用系统分析方法所得出的概念模型。它为进一步建立定量化预报模式打下了理论基础,指出了建立定量化模型所需要考虑的各方面内容。采取不同的方法则可建立起相应于上式的可求解的数学预报模式。应用因子预报方法时,上式中 $F(\ )$ 为各因子对土壤水盐的作用函数。采用动力学过程交替方法预报时则 $F(\ )$ 为各作用子过程对土壤水盐动态的作用函数。

4.3.2 土壤水盐动态预测预报要点

(1) 土壤水盐动态预报目的。首先,确定在一定的环境条件和人为措施下的土壤水盐动态,从而根据水盐动态的优劣判断人为措施的优劣,为优化决策提供依据;其次,在未来环境条件和人为措施正确估计前提下,预报未来可能的土壤水盐动态。

(2) 土壤水盐动态中长期预报特性。包括,土壤水盐动态随时间变化的动态性;中长期预报的多步性。

(3) 土壤水盐动态表征变量。0~20cm、20~50cm、50~100cm、100cm~地下水位、地下水 5 个空间段的负压或中子仪测定含水量、采集土样的 1:5 土水比的电导率、田间实测传感器电导率、水分特征曲线、电导率浓度曲线这 5 项监测内容的逐旬变化曲线,全面表征了研究土壤的水盐动态。

(4) 土壤水盐动态预报因子(或边界条件)。土壤条件(包括土壤孔隙和土体构型)、地下水动态(地下水埋深)、植物生长过程(主要是根系吸收和植物蒸腾)、人为活动(包括种植制度和灌排制度)。

(5) 土壤水盐动态作用过程。可分解为入渗淋溶过程、土壤蒸发和作物蒸腾积盐过程、地面径流过程、地下水水平运动过程。

(6) 四大作用过程的综合作用方式。降雨或灌溉的地面径流过程和入渗淋溶过程同时发生,入渗和地面径流时间长短受降雨和灌水次数控制,呈不连续间断过程,可简化为脉冲过程。土壤蒸发和作物蒸腾积盐过程很难区分,目前大都采用宏观的根系吸水模式加以区分,腾发呈连续变化过程。入渗和腾发影响地下水埋深,从而影响地下水运动过程,地下水运动速度缓慢,但其作用连续;在平原地区入渗和腾发的相互交替过程是土壤水盐动态变化的主要原因。

(7) 土壤水盐动态预报步长。从农业气象上考虑土壤水盐动态的变化与气候变化的节拍较一致,可采用气候预测的时间尺度,以旬和半月为间隔的时间步长较为适宜。从土壤水盐运动的基本过程考虑,入渗和腾发的交替过程是其最基本的预测步长。而在每一基本过程中,又应该遵循溶质运移理论的数值计算方法,以一定的时间单位(分、秒、天)步长进行子过程内部的细化预测。步长的合理确定是中长期多步预测的关键。因此,我们采用两个层次上的步长形式进行预测,从而提高中长期预测预报的精度,达到中长期预测预报的目的。

(8) 土壤水盐运动机理。土壤多孔介质的饱和、非饱和溶质运移理论进行了尝试性探讨。提出了以溶质穿透曲线为基础,以孔隙流速分布为基本单元,应用组合数学的思想和方法,以计算机为手段的流速推进组合算法即组合数学模型。

(9) 农作物需水耐盐供应状况预报。根据所预报的土壤水盐动态结果(时刻结果)与作物受害指标即旱、涝、盐、渍指标相比较,给出农田水盐状况鉴定预报。

(10) 产量动态变化趋势预测。土壤水盐动态的中长期预报结果与农业产量预报模式(水盐生产函数)相结合,则可对未来的产量动态变化趋势作出预测。

4.3.3 土壤水盐动态预测预报体系结构

从机理规律分析到水盐动态模型,再到各种方案下的土壤水盐动态预报,最后到优化决策这是一个系统的过程。本书欲建立这一系统模式为水土资源的最优化服务。上述分析说明,土壤溶质运移的时间尺度不同于土壤水盐动态的时间尺度。是两个不同层次上的考虑。在上述语言描述基础上,图4-3用网络模型形象描绘预报体系框架。

4.4 GSPAC系统水-盐-作物产量动态中长期预报模型

有了土壤水盐动态预测预报体系,就可以采用各种不同的方法进行预测。根据土壤水盐动态的影响因子、动力作用过程和随时间的动态变化规律,可根据具体情况和目的要求分别采用回归分析方法建立水盐状况与各影响因素之间关系的因子预报模式;时间序列分析方法建立土壤水盐动态的时间序列预报模式;应用数值模拟方法建立动力预报模式。

第4章 土壤水盐动态中长期预测预报理论和模型

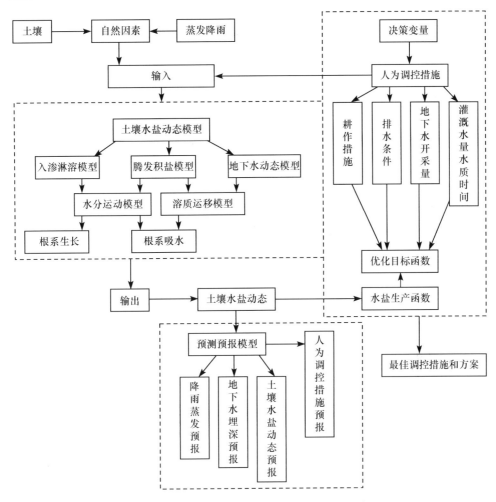

图 4-3 土壤水盐动态预测预报及优化调控模式框图

目前应用较多的确定性模型在理论上发展比较成熟,但在长期使用过程中也发现有一定的缺点:一是模型所用参数难以准确获取,由模型反求的参数在一定程度上是个模糊的量;二是由于弥散的尺度效应问题和土壤的空间变异问题,不宜进行长系列大尺度的计算机模拟,三是我国目前田间盐分动态均以土壤含盐量表示,而应用确定性模型须用土壤溶液浓度,故确定性模型很难用于分析田间盐分动态;为此本节在大量野外地下水动态观测资料、灌溉试验资料和水盐动态试验观测资料基础之上,采用概念性分析方法,将理论分析与经验公式相结合,建立作用过程组合交替式农田土壤水盐动态中长期预报模型。

整个模型分为入渗过程土壤水盐动态、腾发过程土壤水盐动态、地下水位动态和水盐生产函数四个子模型。

4.4.1 入渗条件下农田土壤水盐动态简化模型

4.4.1.1 入渗后计算土层储水量变化模型

由于虫洞、根孔和干缩裂缝等大孔隙结构的发育,田间土壤一般不会发生均匀渗透,部分入渗水会较迅速地直接从这些较大孔隙中漏走,产生所谓的优先流(刘亚军,1996;杨金忠、叶自桐,1994)。因此,在建立入渗水流模型时,首先引入优先流系数 f_1,表示优先流所占的比例系数。对于某一土层,设入渗率为 i,则 $(1-f_1)i$ 发生均匀渗透,$f_1 i$ 为不均匀的大孔隙流即优先流。对于 $f_1 i$ 部分快速水流,本书中忽略其淋盐作用。

有关土壤表面入渗规律的经验、半经验半理论公式(雷志栋等,1988)较多也比较成熟,但相应情况下该土层下边界水分渗漏规律的同类公式却很少。因此,对于 $(1-f_1)i$ 均匀入渗渗透水流,我们假设土层下边界水流通量 q 与土层储水量 W 呈线性关系,即

$$\frac{q}{(1-f_1)i} = \frac{W - W_0}{W_s - W_0} \tag{4-20}$$

又

$$\frac{dW}{dt} = (1-f_1)i - q \tag{4-21}$$

式中,W_s 为计算土层饱和储水量(mm);W_0 为计算土层初始储水量即灌前一定土层的储水量(mm);q 为土层下边界水流通量(mm/s);i 为上边界入渗率(mm/s);t 为时间(s);f_1 为优先流系数(无量纲)。当 $W=W_0$ 时,$q=0$;当 $W=W_s$ 时,$q=(1-f_1)i$。

式(4-20)表示土壤未饱和时地面入渗率 i 大于土层下部的渗漏率 q,随着土壤含水量 W 的增加,q 增大,当土壤饱和时 $q=(1-f_1)i$。为了计算土层下边界渗透率 q,提出该线性假设。通过室内土柱和田间灌溉试验验证,该公式基本符合实际。

因为人们并不关心入渗过程中水盐的变化,主要是关心入渗后的结果。所以,设 i 为常量,则解上述微分方程,有

$$q = \left\{1 - \exp\left[-\frac{t(1-f_1)i}{W_s - W_0}\right]\right\}(1-f_1)i \tag{4-22}$$

$$W = W_s - (W_s - W_0) \cdot \exp\left\{-\left[\frac{t(1-f_1)i}{W_s - W_0}\right]\right\} \tag{4-23}$$

设灌水量 I 全部入渗,则

$$W = W_s - (W_s - W_0) \cdot \exp\left[-\frac{(1-f_1)I}{W_s - W_0}\right] \tag{4-24}$$

$$\Delta W = (W_s - W_0)\left[1 - \exp\left(-\frac{(1-f_1)I}{W_s - W_0}\right)\right] \tag{4-25}$$

$$d_{ip} = I - \Delta W \tag{4-26}$$

$$W_s = 10 \cdot \gamma \cdot D \cdot \theta_S \tag{4-27}$$

式中,W 为入渗后土壤储水量(mm);ΔW 为入渗后土壤储水量变化(mm);I 为灌水量或降雨量(mm);d_{ip} 为下边界渗漏量(mm);D 为土层厚度(m);θ_S 为计算土层饱和含水量占干土重(%);γ 为土壤容重(t/m³);其他意义同前。

4.4.1.2 入渗淋洗后计算土层盐量变化模型

在入渗水流中,由于其淋洗作用,下边界渗漏水溶液浓度是灌溉水矿化度和原土壤溶液浓度的组合。为此,引入淋洗系数(Schilfgaarde,1974;国际土地开垦和改良研究所,1980)f_2 表示渗漏水溶液浓度中原土壤溶液浓度的贡献比例。设土层下边界渗漏量的溶液浓度

$$C_p = (1 - f_2)C_I + f_2 C_t \tag{4-28}$$

$$C_t = \frac{S_0}{W_0} \tag{4-29}$$

式中,f_2 为淋洗系数(无量纲);S_0 为计算土层初始盐量(g);C_I 为灌溉水矿化度(g/L);C_t 为计算土层土壤溶液浓度(g/L)。

其盐量变化公式如下

$$\Delta S = (1 - f_1)IC_I - [(1 - f_1)I - \Delta W] \cdot [(1 - f_2)C_I + f_2 C_t] \tag{4-30}$$

$$S = aS_0 + bIC_I \tag{4-31}$$

$$a = 1 + \frac{\Delta W}{W_0}f_2 - \frac{I(1 - f_1)}{W_0}f_2 \tag{4-32}$$

$$b = f_2 + \frac{\Delta W(1 - f_2)}{I(1 - f_1)} \tag{4-33}$$

$$S_d = IC_I + S_0 - S \tag{4-34}$$

式中,S 为入渗后计算土层盐量(g);ΔW 由式(4-25)计算;S_d 为计算土层下边界漏盐量(g);其他意义同前。

4.4.1.3 模型参系数物理意义讨论

1) 优先流系数 优先流系数 f_1 表示入渗时优先流所占的比例系数,数值在 0~1 之间变化,是无因次的比例系数。由于土壤上层疏松,大孔隙结构发育,随着土层深度的加厚,土壤结构趋于均匀,因此 f_1 一般随着土层的加厚而减少。公式(4-25)中:

$$W_s = 10 \cdot D \cdot \gamma \cdot \theta_s; W_0 = 10 \cdot D \cdot \gamma \cdot \theta_0; W = 10 \cdot D \cdot \gamma \cdot \theta$$

可反求得

$$f_1 = 1 + \frac{10 \cdot \gamma \cdot (\theta_s - \theta_0) \cdot D}{I} \ln\left(1 - \frac{\theta - \theta_0}{\theta_s - \theta_0}\right) \tag{4-35}$$

令
$$\beta = -10 \cdot \gamma \cdot (\theta_s - \theta_0) \ln\left(1 - \frac{\theta - \theta_0}{\theta_s - \theta_0}\right),$$
则
$$f_1 = 1 - \beta \frac{D}{I}; \quad 1 - f_1 = \beta \frac{D}{I}$$

上式 $1 - f_1$ 表示了土层的储水特性,并随土层厚度及灌水量而变化。而 β 值相对稳定,可代表土壤储水特性,β 值越大,储水能力越大。

2）淋洗系数　淋洗系数受许多因素影响,由于较多的灌溉水将通过较大的孔隙迅速地漏走,来不及溶解更多的盐分,故具有许多大孔隙的土壤的 f_2 值将比无结构土壤的低。由于大孔隙的数量随深度而减小,故浅根区的 f_2 值将比深根区的低。此外,灌水方法也影响淋洗系数,实际上 f_2 表示了淋洗效率。博曼斯和德莫伦提出重壤土 f_2 为 0.2,中等壤质土壤为 0.4,砂性土可超过 0.6（Schilfgaarde, 1974；国际土地开垦和改良研究所, 1980）。

我国现有农田土壤水盐动态资料一般无实测土壤溶液浓度,仅有土壤全盐量、电导率、潜水位和潜水矿化度资料。而盐却正是以土壤溶液形式运动的,而且受土壤含水量、盐分组成和溶解度等因素的影响。由式(4-29)所求得土壤溶液浓度并不是真正的土壤溶液浓度。设真正的土壤溶液浓度为 C_T,则 $C_T = KS_0/W_0$。式中,K 为真值与估计值的比例系数。

$$C_P = f_2 C_t + (1 - f_2) C_I$$
$$C_{PT} = f_{2T} C_T + (1 - f_{2T}) C_I$$

式中,f_{2T} 和 C_{PT} 分别表示真正的淋洗系数和计算土层下边界渗漏水溶液浓度。当 $C_P = C_{PT}$ 时则有下式

$$f_2 = \frac{KC_t - C_I}{C_t - C_I} f_{2T} \tag{4-36}$$

上式说明,f_2 值的引入实际上消除了估计式(4-29)的误差。f_2 不仅是淋洗系数,而且包容了土壤溶液浓度的影响。f_2 值小于 f_{2T},f_2 是一综合系数。

入渗过程中土壤积盐率可按下式计算

$$\lambda_1 = \frac{S}{IC_I + S_0}; \quad \lambda_2 = \frac{S - S_0}{IC_I}; \quad \lambda_3 = \frac{S - S_0}{S_0}; \tag{4-37}$$

式中,λ_1 表示土壤灌后含盐量是灌溉水来盐量和土壤原有含盐量之和的倍数,λ_2 表示土壤盐分增量是灌溉水来盐量的倍数,λ_3 表示土壤盐分变化是土壤原始含盐量的倍数。λ_2 能比较正确地反映灌溉造成土壤积盐和脱盐的关系,λ_2 大于 1 表示除灌溉水来盐外,还有其他来盐；$\lambda_2 = 0$ 表示土壤盐分无变化；λ_2 小于 0 表示土壤脱盐；λ_2 在 0 和 1 之间表示灌溉水来盐有下移,但土壤仍然积盐。

将式(4-37) λ_2 式和式(4-30)联立则有

$$\lambda_2 = \frac{\Delta W}{I} + f_2 \left(1 - f_1 - \frac{\Delta W}{I}\right)\left(1 - \frac{C_t}{C_I}\right) \tag{4-38}$$

$$\lambda_2 = K_r + f_2(1 - f_1 - K_r)(1 - C_4) \tag{4-39}$$

令 $K_4 = \dfrac{\Delta W}{I}$ 并称其为储水率；令 $C_r = \dfrac{C_t}{C_I}$ 并称其为土壤相对浓度，则有

$$f_2 = \dfrac{\lambda_2 - K_r}{(1 - f_1 - K_r)(1 - C_r)} \tag{4-40}$$

4.4.2 腾发条件下农田土壤水盐动态简化模型

4.4.2.1 计算土层水分动态模型

1）腾发过程中土壤水分平衡式

$$W_0 - W + Q - ET = 0 \tag{4-41}$$

式中，W_0 为土壤初始含水量(mm)；W 为时段末土壤含水量(mm)；Q 为下边界深层毛管上升水补给量(mm)；ET 为腾发量(mm)。

非充分供水条件下的作物腾发量也称耗水量，耗水量 ET 的计算须分阶段。考虑耗水强度随土壤水分呈线性减少，则有

$$ET = ET_m, \quad x \geqslant x_f \tag{4-42}$$

$$ET = \dfrac{x}{x_f} ET_m, \quad 0 \leqslant x \leqslant x_f \tag{4-43}$$

式中，$ET_m = \alpha E_0$，α 为需水系数，可由灌溉试验求得，E_0 为水面腾发量，20cm 小型蒸发皿观测值(mm)；ET 为耗水量(mm)；ET_m 为充分供水条件下的作物腾发量(mm)；x 为根区土壤有效储水量(mm)；x_f 为根区临界土壤有效储水量(mm)。

$$\left. \begin{array}{l} x = W - W_P \\ x_f = W_f - W_P \end{array} \right\} \tag{4-44}$$

式中，W_P 为凋萎含水量(mm)；W_f 为 0.7 倍的田间持水量(mm)。

2）计算土层下边界水分通量 q　腾发期间，上边界腾发强度 e 可由灌溉试验经验公式求得，设其函数式为

$$e = f(x, x_f, e_m)$$

下边界地下水界面的潜水强度 e_g 可由地下水均衡试验经验公式求得。设其经验式为

$$e_g = f(h, e_0)$$

式中，h 为地下水埋深；e_0 为水面蒸发量。

设上下边界之间不同深度 L_r 处的水分通量 q 为

$$q = e_g + k(L_r) \cdot (e - e_g) \tag{4-45}$$

式中 $k(L_r)$ 为人为引入的比例函数，我们称为水分迁移系数，数值在 0~1 范围，它随深度而递减变化，地表为1，地下水面处为0。暂假设为线性减少

$$k(L_r) = 1 - \frac{L_r}{h} \qquad (4\text{-}46)$$

3) 计算土层水分动态模型　根据质量守恒原理

$$\frac{d\omega}{dt} = q - e \qquad (4\text{-}47)$$

所以

$$\begin{cases} \dfrac{d\omega}{dt} = e_g + k(L_r) \cdot (e - e_g) - e \\ \dfrac{d\omega}{dt} = [1 - k(L_r)] \cdot (e_g - e) \end{cases} \qquad (4\text{-}48)$$

式(4-48)即为用腾发量和潜水蒸发量表示的计算土层的水分动态基本方程。应用数值计算方法,可用来模拟土壤水分动态。

一般来说腾发期间的腾发量要大于潜水蒸发量,k 又小于1,所以土层水分是逐渐减小的。上式关键是求得 k 值随 L_r 的变化函数。

4.4.2.2　计算土层盐分迁移模型

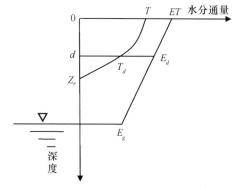

图4-4　腾发期间土壤水分通量示意图

1) 计算土层下边界毛管上升水分量　为了计算毛管上升水携带盐分,必将计算土层下边界水分通量分解为根系吸收水 T_d 和毛管上升水 E_d,见图4-4,即

$$q = E_d + T_d \qquad (4\text{-}49)$$

式中,

$$T_d = \alpha_t \beta ET \qquad (4\text{-}50)$$

所以

$$E_d = q - T_d$$

$$E_d = [1 - k(L_r)] E_g + [k(L_r) - \alpha_t \beta] ET \qquad (4\text{-}51)$$

式中,T_d 为根系从计算土层下部吸收水量(mm);α_t 为蒸腾系数,即植物蒸腾占总腾发量的比例系数,由灌溉试验求得;β 为计算土层以下根系吸水量占植物蒸腾总量的比例系数,由根系生长模型和根系分布密度函数确定。

当 $Z_r < 80\text{cm}$ 时,假设根系分布为等腰三角形。

$$\begin{cases} \beta = 1 - \dfrac{2d^2}{Z_r^2} & ,\ 0 \leq d \leq \dfrac{Z_r}{2} \\ \beta = 2 \cdot \dfrac{(Z_r - d)^2}{Z_r^2} & ,\ \dfrac{Z_r}{2} < d < Z_r \\ \beta = 0 & ,\ d \geq Z_r \end{cases} \qquad (4\text{-}52)$$

式中，d 计算土层厚度（cm）。

当 $Z_r > 80\text{cm}$ 时，假设根系分布为以40cm深处为最密的三角形分布

$$\begin{cases} \beta = 1 - \dfrac{d^2}{40Z} &, \quad 0 \leq d \leq 40 \\ \beta = \dfrac{(Z_r - d)^2}{Z_r(Z_r - 40)} &, \quad 40 < d < Z_r \\ \beta = 0 &, \quad d \geq Z_r \end{cases} \qquad (4\text{-}53)$$

根系生长模型采用康绍忠等（1998）的经验公式

$$Z_r = 0.6389 + 0.6742t \qquad (4\text{-}54)$$

式中，Z_r 为植物根系深度（cm）；t 为自播种日算起的天数（日）。

2）计算土层下边界毛管上升水携带盐量

$$S - S_0 = E_d \cdot C_d \qquad (4\text{-}55)$$

式中，S 为时段末土层盐分；S_0 为时段初土层盐分；C_d 为毛管上升水溶液浓度（见图4-5）。

设毛管上升水溶液浓度为

$$C_d = K_s \dfrac{S_0 + S}{2W_f}$$

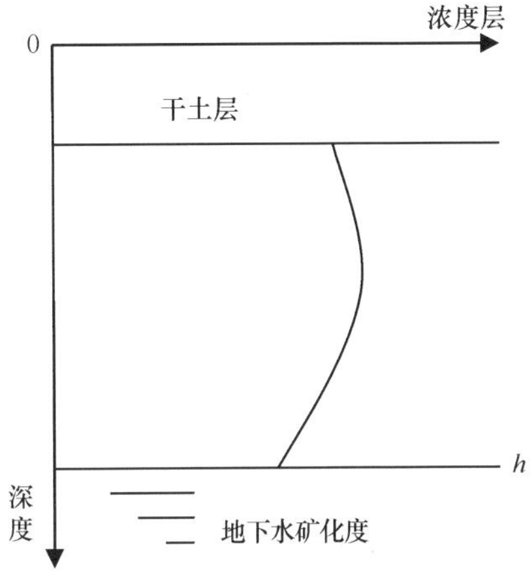

式中，K_s 为盐分迁移系数；W_f 为田间持水量。

图4-5 腾发期间土壤溶液浓度示意图

$$S = \dfrac{1 + K_s \dfrac{E_d}{2W_f}}{1 - K_s \dfrac{E_d}{2W_f}} S_0 \qquad (4\text{-}56)$$

$$S = \dfrac{1 + K_s \dfrac{[1 - K(L_r)]E_g + [K(L_r) - \alpha_t\beta]ET}{2W_f}}{1 - K_s \dfrac{[1 - K(L_r)]E_g + [K(L_r) - \alpha_t\beta]ET}{2W_f}} S_0 \qquad (4\text{-}57)$$

令 $$\rho = \dfrac{S}{S_0} = \dfrac{1 + K_s \dfrac{[1 - K(L_r)]E_g + [K(L_r) - \alpha_t\beta]ET}{2W_f}}{1 - K_s \dfrac{[1 - K(L_r)]E_g + [K(L_r) - \alpha_t\beta]ET}{2W_f}}$$

则 $$S = \rho \times S_0 \qquad (4\text{-}58)$$

上式表明了腾发条件下的盐分变化与水分迁移系数、盐分迁移系数、腾发量、潜水蒸发量、根系生长及分布的关系。

4.4.2.3 模型参系数讨论

作物需水系数 α 和蒸腾系数 α_t 可由灌溉试验求得（表 4-12，表 4-13）。计算土层以下根系吸水量占植物蒸腾总量的比例系数 β 则可用本书所给公式，或者查阅有关的根系吸水试验。下面重点讨论本书首次引入的水分迁移比例系数 $K(L_r)$ 和盐分迁移比例系数 K_s。

表 4-12 作物需水系数 α 表 *

月份	11	12	1	2	3	4	5	6
小麦	0.46	0.58	0.46	0.46	0.58	0.64	0.71	0.60
月份			5	6	7	8	9	10	11
棉花			0.26	0.30	0.40	0.78	1.01	0.63	0.51

* 山西省水利厅管理处，山西省各灌区灌溉试验总结汇编，1980.

表 4-13 蒸腾系数 α_t 表 *

生育期	播种-封冻	封冻-返青	返青-拔节	拔节-抽穗	抽穗-灌浆	灌浆-收获	全生育期		
小麦	35.2	34.3	37.5	30.9	89.3	80.4	60.9		
生育期	播种-出苗	出苗-现蕾	现蕾-开花	开花-盛花	盛花-盛铃	盛铃-吐絮	吐絮-絮盛	絮盛-拔节	全生育期
棉花	19.0	30.0	50.0	70.0	75.0	70.0	62.0	50.0	57.4

* 山西省水利厅管理处，山西省各灌区灌溉试验总结汇编，1980.

1）水分迁移比例系数 $K(L_r)$　多年来，我国开展了大量的灌溉试验和地下水均衡试验，积累了相当丰富的资料。但这两项试验却是在水文地质领域和水利灌溉领域分别进行。为了充分利用这两方面资料，从而用于土壤水盐动态调控，引入水分迁移比例系数 $K(L_r)$，来表示从地下水到地表整个土体剖面中向上运动水流量大小是如何由潜水蒸发量过渡变化到地表腾发量。本书中初步假定为线性比例关系。

2）盐分迁移比例系数 K_s　这一比例系数是为了确定计算土层下界面毛管上升水的溶液浓度 C_d 而引入的。从公式 $C_d = K_s \dfrac{S_0 + S}{2W_f}$ 中可以看出，$\dfrac{S_0 + S}{2W_f}$ 表示当土壤含水量为田间持水量时的计算时段内土壤溶液平均浓度。因此，K_s 是计算土层平均溶液浓度与下界面毛管上升水的溶液浓度之比。当计算土层很小时，K_s 接近于 1；当计算土层为地表到地下水整个土体时，则 K_s 为地下水矿化度和地表到地下水整个土体的土壤溶液平均浓度之比。因此，它与土壤剖面的盐分分布和水分分布有关。计算土层下界面毛管上升水的溶液浓度 C_d 在地下水界面为地下水矿化度，地表干土层为零。K_s 表示了从地表到地下水整个土体剖面中盐分浓度是如何过渡变化的相对关系。

这两个系数的引入有机地将腾发、地下水蒸发和地下水矿化度统一起来。这两个系数的精确确定还需将潜水蒸发试验、灌溉试验和土壤水盐动态试验统一起来，做进一步的试验研究。而目前的土壤水盐动态模拟试验室已具备了这一试验的基本条件，只要加以适当的改造就完全可行。

4.4.3 地下水位动态模型

地下水位动态预报方法有水量平衡法、水动力学方法、数理统计方法、时间序列方法、电子计算机模拟方法等，本书采用水量平衡法。

4.4.3.1 地下水均衡方程式

潜水均衡是指在一定的时段内，潜水的收入量与支出量之间的关系。即

$$\mu \Delta H = P_g - V_{开} - q + (W_{进} - W_{出}) + W_{其} - E_g \tag{4-59}$$

式中，μ 为给水度；ΔH 为潜水位变化量；P_g 为降雨或者灌溉水入渗补给地下水的量；E_g 为潜水蒸发量；$V_{开}$ 为某时段的地下水开采量；q 为排水系统的排水率；$W_{进}$ 为潜水进流量；$W_{出}$ 为潜水出流量；$W_{其}$ 为其他次要因素引起的地下水量变化。对于冲积平原地区，地下径流微弱，流进流出量基本相等，所以 $(W_{进} - W_{出})$ 和 $W_{其}$ 可忽略不计。所以式(4-59)可变为

$$\mu \Delta H = P_g - E_g - V_{开} - q \tag{4-60}$$

根据式(4-60)，在已知某一时段的 P_g、E_g、$V_{开}$、q 及给水度 μ，则可进行潜水动态预报。

4.4.3.2 地下水均衡要素

1) 降雨入渗补给地下水经验公式

(1) 山西省汾西灌区经验公式[①]

$$P_0 = (h_1 - 0.57)/0.035, \quad R = 0.937 \tag{4-61}$$

式中，h_1 为雨前地下水埋深；P_0 为临界雨量，其含义是该雨量补充给整个包气带水分，而不引起地下水位上升；0.57 代表地下水位之上近饱和带，其含水量不变的高度；0.035 表示土壤包气带蓄水能力，降雨1mm平均浸润的土壤深度。

$$P_g = P - P_0 \tag{4-62}$$

$$\Delta h = P_g/(\mu 1000) \text{ 或 } \Delta h = P_g/66 \tag{4-63}$$

---

① 王师先，河井双灌井排浅退综合治理旱涝碱，山西省水利科学研究所，1985.

式中,P 为次降雨量(mm);P_g 为补充给地下水的雨量(mm),μ 为给水度。

该经验公式将降雨量分为补给土壤水的量和补给地下水的量。据此可预报降雨前后地下水位变化。

(2)山西省水利科学研究所地中蒸渗试验4~9月高温蒸发期裸地全剖面亚砂土降雨入渗补给经验公式(张妙仙,1996)

$$P_g = 25.978 - 15.0166\ln(10 \times h) + 0.393P + 0.241PP \tag{4-64}$$

式中,h 为潜水埋深(m);P_g 为月降雨入渗补给量(mm);P 为月降水量(mm);PP 为前期降水量(mm)。

2)潜水蒸发经验公式

(1)柯夫达经验公式

$$E_g = E_0(1 - h/h_{\max})^n \tag{4-65}$$

式中,E_g 为潜水蒸发量(mm/d);E_0 为水面蒸发量(mm/d);h 为地下水埋深(m);$h_{\max}$ 为地下水位极限埋深(m);n 为指数,一般为1~3。

(2)沈立昌新经验公式(沈立昌,1982)

$$E_g = K\mu E_0^a/(1+h)^b \text{ 或 } \Delta h = K\mu E_0^a/(1+h)^b \tag{4-66}$$

式中,K 为标志土质、植被、水文地质条件以及其他的综合系数。a、b 为指数;μ 为给水度;Δh 为地下水位消退值(mm/d);其他同前。

对于粉砂质及砂质壤土,沈立昌求得:$K = 33.7, a = 1.008, b = 2.178$,因此

$$E_g = 33.7 \times \mu \cdot E_0^{1.008}/(1+h)^{2.178}$$

或

$$\Delta h = 3.7 \cdot E_0^{1.008}/(1+h)^{2.178} \tag{4-67}$$

(3)山西省水利科学研究所地中蒸渗资料裸地全剖面亚砂土潜水蒸发的经验公式(张妙仙,1996)

$$E_g = 153.441 - 53.556\ln(10 \times h) + 0.1515E_0 \tag{4-68}$$

式中,E_g 为月潜水蒸发量(mm);E_0 为月水面蒸发量(mm);其他同前。

3)地下水开采量 $V_{开}$ 当利用浅层地下水灌溉时,井灌起到了降低地下水位的作用。水位降落由下式估算

$$\Delta h = V_{开}/\mu \tag{4-69}$$

$$V_{开} = K_1 \cdot K_2 \cdot I \cdot 15 \tag{4-70}$$

式中,μ 为给水度;$V_{开}$ 为单位面积地下水开采量(mm);I 为灌溉模系数(m³/亩);K_1 为地下水保证率;K_2 为耕地系数。

4)水平排水系统的排水率 q 假定水平排水条件下两排水管中间的地下水位下降或上升,地下水位形状不变,两排水管中间的瞬时排水速度等于同样地下水位高度时的恒定排水率,利用胡格浩特公式(Schilfgaarde,1974)

$$q = 4K_s h(2de + h)/S^2 \tag{4-71}$$

式中,q 为排水速率(m/d);K_s 为饱和导水率(m/d);h 为两排水管中间的由排水管

中心高程算起的地下水位高度(m);S 为排水管间距(m);d_e 为在排水管高程以下的不透水层的等效深度(m),d_e 与排水管直径和排水管间距及不透水层在排水管高程以下的深度有关。

4.4.3.3 潜水位动态模拟步骤

当已知降雨,水面蒸发量,开采量,水平排水条件,灌溉水量及含水层的给水度等基本资料后,则可以根据上述公式进行潜水位动态变化模拟。设初始地下水位为 h_0,地下水动态模拟基本步骤如下:

1) 入渗控制阶段 由式(4-61)和式(4-62)或式(4-64)确定不同降雨或者灌水量所产生的深层渗漏补给地下水量;按照式(4-63)确定降雨或者灌溉后地下水位。

2) 水平排水和潜水蒸发控制阶段 在雨后地下水位的基础上,由于水平排水沟的排水作用和潜水蒸发作用,潜水位开始消退。应用式(4-71)计算排水率 q,应用式(4-67)或式(4-68)计算 E_g 值,则 $\Delta h = (q + E_g)/\mu$。并确定了新的地下水位位置,对于这个新的地下水位位置,算出一个新的排水速率 q,而这时剖面地下水埋深已增加了一段深度,即地下水位降低。这种循环直到地下水位降落到 $m = 0$ 时,则排水沟控制阶段结束。

3) 潜水蒸发控制阶段 当地下水位降至 $h = 0$ 以后,水平排水设施已失去控制地下水位的作用。地下水位的降落,主要依靠潜水蒸发。$\Delta h = E_g/\mu$,应用式(4-67)或式(4-68)计算 E_g 值,如此循环一直计算直到再次灌水或降雨或地下水开采。

4) 开采控制阶段 当有地下水开采时,则水位下降值可应用式(4-69)和式(4-70)确定。如此循环上述各阶段则可模拟地下水位过程线。地下水位动态是潜水蒸发、降雨入渗补给、水井开采及排水沟水平排水作用强弱交替作用的结果。

4.4.4 水盐生产函数

投入与产出的观点认为,描述作物产量(干物质或籽粒产量)与其主要影响因素(或投入资源)之间的数学关系称为生产函数,其几何关系称为作物产量特征曲线。生产函数(李远华,1999)的一般公式为

$$\begin{cases} Y = f(x) \\ x = (x_1, x_2, \cdots, x_n) \end{cases} \tag{4-72}$$

式中,Y 单位面积产量,是变量 x 的函数;x 为影响因素(或投入资源)的集合;$I = 1, 2, \ldots, n$ 为分项因素(或资源)的序号。上式也称作物多因子生产函数。

为了正确估计水盐双因子胁迫下土壤实际腾发量 ET_{sa},必须建立水盐生产函数,从而正确地进行水盐状况及作物产量的预报。水盐生产函数包括两部分内容,即干旱对作物产量的影响和盐分对作物产量的影响。为了适应目前基层人员习

惯,便于推广应用,本书研究盐分度量指标为计算土层土壤全盐量,而未采用饱和浸提液电导率。

$$Y_r = Y_s \cdot Y_{wr} \tag{4-73}$$

式中,Y_r 为水盐影响系数;Y_s 为盐分影响系数;Y_{wr} 为水分影响系数。

4.4.4.1 水分生产函数

作物水分生产函数是指作物产量与水分消耗(或供给作物用水量之间)的关系。关于作物水分生产函数的数学模型有多种,概括起来可分为两大类:静态模型和动态模型。按照考虑因素的多少和研究的深度,静态模型大概可分为如下几个类型:

(1) 研究作物产量与总灌水量的关系;
(2) 研究作物产量与生长期总蒸发蒸腾量的关系;
(3) 研究作物产量与阶段蒸发蒸腾量的关系;
(4) 研究作物产量与叶水势、冠层温度等的关系。

动态模型描述作物生长过程中干物质的积累过程对不同的水分水平的响应,并根据这种响应来预测不同时期的作物干物质积累量及最终产量。

目前较普遍的水分生产函数是作物产量与作物腾发之间的 Jensen 连乘型水分生产函数(尉宝龙等,1997)关系。而作物腾发量由彭曼公式计算,或由蒸渗仪直接求得,以及田间灌溉试验反求。

$$Y_{wr} = \frac{Y_a}{Y_m} = \prod_{i=1}^{n} \left(\frac{ET}{ET_m}\right)^{\lambda_i} \tag{4-74}$$

式中,ET 为非充分供水条件下的作物腾发量(mm);ET_m 为充分供水条件下的作物腾发量(mm);Y_m 为充分供水条件下的作物产量(kg/亩);Y_a 为非充分供水条件下的作物产量(kg/亩);n 为划分的作物阶段总数;λ_i 为水分敏感指数。

在无盐碱危害情况下,借用荣丰涛晋南区的水分生产函数的水分敏感指数 λ_i 如表 4-14 所列(希勒尔,1977)。

表 4-14 冬小麦及棉花水分敏感指数 λ_i

棉花生育阶段	播种-现蕾	现蕾-开花	开花-吐絮	吐絮-收获		
敏感指数 λ_i	0.15	0.28	0.54	0.04		
小麦生育阶段	播种-越冬	越冬-返青	返青-拔节	拔节-抽穗	抽穗-灌浆	灌浆-收获
敏感指数 λ_i	0.47	0.01	0.23	0.56	0.20	0.24

4.4.4.2 盐分生产函数

1) 分段线性盐分生产函数 目前较通用的耐盐方程为分段线性方程,如表 4-15(张妙仙,1999)。

第4章 土壤水盐动态中长期预测预报理论和模型

表 4-15 小麦棉花分段线性盐分生产函数

作物	土层/cm	耐盐指标 C_0	C_t	S	盐分生产函数	相对误差量	相关系数
棉花	0~20	6.80	1.79	19.97	$Y_S = 100 - 19.97(C - 1.79)$	0.047	-0.976
棉花	0~50	5.71	1.67	24.75	$Y_S = 100 - 24.75(C - 1.67)$	0.071	-0.964
小麦	0~20	7.21	1.35	17.07	$Y_S = 100 - 17.07(C - 1.35)$	0.210	-0.889
小麦	0~50	7.24	1.52	17.47	$Y_S = 100 - 17.47(C - 1.52)$	0.313	-0.829

表中, Y_S 为相对产量(或盐分影响系数); S 为增加单位含盐量产量下降系数; C 为土壤含盐量(g/kg); C_t 为开始抑制植物生长的土壤含盐量临界值; C_0 为产量为零时的土壤含盐量(极限值)。

由表 4-15 可知,小麦的 C_t 值小于棉花的 C_t 值,即棉花较小麦耐盐力强。而小麦的 C_0 值高于棉花的 C_0 值,说明小麦较棉花的耐盐抑制区范围大,即 S 值较棉花的 S 值小。小麦减产速率慢,棉花减产速率快。另一方面,同一作物,0~20cm 土层较 0~50cm 土层相关系数高,且耐盐指标值较高。

2) 非线性盐分生产函数 为了更好地逼近实验数据,我们采用非线性盐分生产函数(表 4-16)。表中, Y_S 为相对产量; C_{50} 为减产达 50% 时的土壤含盐量(g/kg); P 为经验常数; C 为土壤含盐量(g/kg)。

从表 4-16 可以看出其相关系数比线性回归相关系数高,没有绝对的阈值,耐盐指标为 C_{50} 和 P 值, P 值越大曲线愈陡, P 值越小曲线愈缓。 P 值表示减产效应。 P 越大减产效应越大, P 值越小减产效应越小。 C_{50} 值越大作物耐盐度越大, C_{50} 值越小作物耐盐度越小。

表 4-16 小麦棉花非线性盐分生产函数(张妙仙,1999)

作物	土层/cm	耐盐指标 C_{50}	P	盐分生产函数	相对误差量	相关系数
棉花	0~20	4.14	7.67	$Y_S = \dfrac{100}{1+\left(\dfrac{C}{4.14}\right)^{7.67}}$	0.01875	-0.998
棉花	0~50	3.54	7.62	$Y_S = \dfrac{100}{1+\left(\dfrac{C}{3.54}\right)^{7.62}}$	0.03970	-0.991
小麦	0~20	4.03	6.41	$Y_S = \dfrac{100}{1+\left(\dfrac{C}{4.03}\right)^{6.41}}$	0.16350	-0.923
小麦	0~50	4.02	6.79	$Y_S = \dfrac{100}{1+\left(\dfrac{C}{4.02}\right)^{6.79}}$	0.20230	-0.879

3) Jensen 连乘型盐分生产函数 表 4-15，表 4-16 仅以作物耐盐临界期土壤含盐量为指标，没有考虑到全生长期的全部作用。所以为了考虑全生长期的综合作用，我们采用 Jensen 连乘形式建立盐分生产函数。

$$Y_S = \prod_{i=1}^{n} \left(\frac{C_0 - C}{C_0 - C_t} \right)^{\beta_i} \tag{4-75}$$

当 C_0 为 0.7%，C_t 为 0.1% 时

$$Y_S = \prod_{i=1}^{n} \left(\frac{0.7 - C}{0.6} \right)^{\beta_i} \tag{4-76}$$

式中，β_i 为盐分敏感指数。

两边取对数，并利用最小二乘法拟合试验数据，则可求得 β_i（表 4-17）。

表 4-17 作物盐分敏感指数

生育阶段	播种-开花	开花-结铃	结铃-收获
棉花	1.0010	0.6084	0.1994
生育阶段	播种-返青	返青-抽穗	抽穗-收获
小麦	0.1518	0.2130	1.1495

4) 复合型盐分生产函数及四种形式盐分生产函数的比较 分段线性盐分生产函数简单明了，概念清楚，有明确的耐盐临界值和极限值，但其线性假定忽略了土壤盐分大小对作物产量影响的变化，是非线性盐分生产函数的高度简化；非线性盐分生产函数曲线光滑连续，考虑了土壤盐分大小对作物产量影响（减产率）的变化作用，使得数据拟合性更好，但分段线性和非线性盐分生产函数没有考虑作物不同生长期对盐分的敏感性和各阶段的叠加作用，仅以临界期的一个含盐量作为盐害指标，无盐分变化的动态效应。Jensen 连乘型盐分生产函数考虑了不同生长期作物的盐分敏感程度，增加了盐分动态效应，但精度相对较低。为了提高盐分生产函数的精度，并且有动态效应，吸取非线性和 Jensen 连乘型优点，构造如下复合型盐分生产函数

$$Y_S = \frac{1}{1 + \left(\dfrac{\sum\limits_{i=1}^{n} \beta_i C_i}{\sum\limits_{i=1}^{n} \beta_i C_{50}} \right)^P} \tag{4-77}$$

各种盐分生产函数计算值与实测值比较结果表明复合型盐分生产函数的精度最高。

4.4.5 模型功能和结构

4.4.5.1 模型主要功能

由地下水位动态模型,利用降雨入渗补给经验公式、潜水蒸发经验公式、地下水开采量和水平排水沟排水率公式,按照前面所述潜水位动态模拟步骤,进行地下水位动态预测。所得地下水动态过程供水盐动态模拟时应用。该子模型中各主要参数由地下水长期观测资料和地中蒸渗试验资料求得。该子模型充分利用了现有的地下水试验观测资料,并引入排水设施与地下水开采量,可用于水井规划、排水设施规划和潜水位调控。

入渗条件下土壤水盐动态简化模型。用来计算从地面到某一深度土体中灌溉或降雨后,土体水量和盐量的变化。该子模型中自变量有灌水量、灌溉水矿化度、灌前土体水量和盐量,以及土体饱和含水量;系数为优先流系数和淋洗系数,这两系数由试验确定初值,再由模型模拟调试拟合盐分动态资料寻优。

腾发条件下土壤水盐动态模型。用来计算从地面到某一深度土壤的土体中,腾发期间土体水盐动态变化。该子模型中自变量有水面蒸发量过程、土体田间持水量、初始含水量、初始含盐量、地下水埋深、地下水矿化度、作物需水系数、作物蒸腾系数、根系生长过程。其主要功能是预报土体水量、作物耗水量和土体盐量。引入的两个参系数水分迁移系数和盐分迁移系数则由试验确定初值,再由模型模拟调试拟合盐分动态资料确定。

土壤水盐过程是入渗淋洗过程和腾发过程强弱交替作用的过程。为此,根据预定方案,前后衔接交替,应用入渗和腾发模型计算模拟土壤水盐动态。这样可计算求得一年或一季作物生育期内的土壤水盐动态和腾发过程。

水盐生产函数是用来由土壤水盐动态预报作物产量。应用水分生产函数和腾发过程则可求得水分影响系数,应用盐分生产函数和土壤盐分动态则可求得盐分影响系数。水分影响系数和盐分影响系数相乘可求得水盐影响系数即作物相对产量。进一步与最大可能产量相乘可求得作物产量,见图4-6。

这四个子模型一个紧扣一个,成为一个整体,从而可进行地下水位动态、土壤水盐动态和作物产量的预报,基本上与田间对潜水位调控,土壤水分控制,盐分控制的精度要求相适应。既避免了学究式的过分精细,又充分利用了地下水动态观测资料、灌溉试验资料和盐分动态资料。

4.4.5.2 土壤水盐动态与水盐生产函数的反馈关系

不仅土壤水盐动态影响作物产量,而且作物长势也反作用于土壤水盐动态。为此在求土壤水盐动态过程和作物产量中,两个过程应多次反复交替计算,才能逼近二者相匹配的水盐动态和作物产量。下面进行二者相互反馈的关系分析。

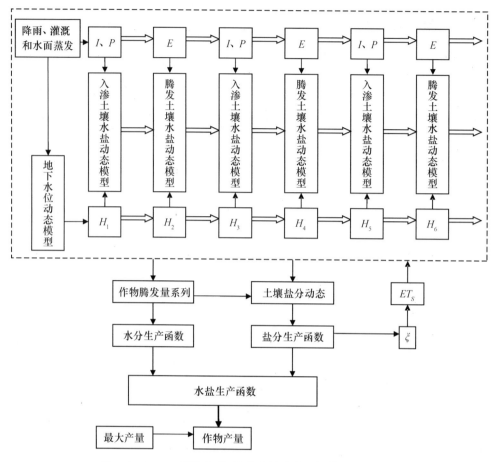

图 4-6 GSPAC 系统水-盐-作物产量动态预报模型结构框图

假设盐害主要表现为渗透效应,由于土壤溶液浓度的增加,作物吸水困难,腾发量减小,造成作物生理干旱。在此假定基础上,设盐渍化土壤的实际腾发量为 ET_s,则其盐分影响下的盐分生产函数为

$$Y_S = \prod_{i=1}^{n} \left(\frac{ET_S}{ET}\right)^{\lambda_i} \tag{4-78}$$

令

$$ET_S = \xi ET + (1-\xi) E_S \tag{4-79}$$

所以

$$Y_S = \prod_{i=1}^{n} \left[\frac{\xi ET + (1-\xi) E_S}{ET}\right]^{\lambda_i} \tag{4-80}$$

式中,ξ 为盐分影响下的作物腾发修正系数;ET_s 为盐分影响的作物腾发量(mm);E_s 为裸地土壤蒸发量(mm);ET 为无盐害条件下的作物腾发量(mm)。

上式为盐分生产函数的腾发量表达形式,上式与盐分生产函数的盐分表达形式联合则可求得 Y_s、ξ 和 ET_s。将 ET_s 赋于水盐动态模型中的植物腾发量重新计算水盐动态,用新输出的盐分系列,再次求得 $Y_S \to \xi \to ET_S$。如此循环,水盐生产函数和水盐动态相互影响,直到 ET_S 趋于一数值(达到精度要求)。

4.4.5.3 GSPAC 系统水-盐-作物产量动态预报模型结构

整个模型分为入渗过程土壤水盐动态、腾发过程土壤水盐动态、地下水位动态和水盐生产函数四个子模型。将入渗过程抽象为脉冲过程,忽略其时间作用;由地下水补给经验公式,水分及盐分迁移系数将三模型相互联结;最后又引入作物腾发修正系数 ξ 建立水盐动态与水盐生产函数的相互反馈关系,将地下水位、土壤水分、土壤盐分及作物产量联结在一起,使其成为一个时间上为入渗、腾发两过程交替方式,空间上为地下水、土壤、作物三段式水盐动态预报模型。该模型首次采用过程交替方式,解决了中长期多步预测的问题;首次将水盐动态模型与作物产量相联系,建立了优化目标与水盐动态的反馈关系,为优化调控提供了可能,体现了其生产实用性。该模型是在大量灌溉试验资料,地下水动态资料,土壤盐分动态资料基础上建立的,它以土壤含盐量为变量,适合我国田间盐分动态的实际现状,可用于灌排系统的优化和水盐运动规律的调控。

4.4.6 土壤水盐动态中长期预测预报精度分析

4.4.6.1 误差原因和精度分析方法

引起误差的原因有:模型误差、数据误差、模型参量误差、方法误差和计算误差(邓建中等,1996)。模型误差是由模型是否合理正确决定的,因此不是精度分析所能解决的,只能在应用实践中对模型进行验证是否正确合理。数据误差很大程度上是由降水和水面蒸发的精度控制,但目前气象预测部门还没有蒸发预报业务,且中长期的降水预报也不太准确,对于这一误差无法估计。为此,边界条件也只能引用历史的降水和蒸发资料,并且不考虑数据误差。去掉这两项误差,我们主要分析模型参量误差、方法误差和计算误差。

不同的建模理论、建模方法采用不同的精度分析方法。对于 GSPAC 系统水-盐-作物产量动态中长期预测预报模型而言,其预测预报精度应从其模型特点加以分析。从模型结构上考虑:一方面,由于它是入渗和腾发过程的交替,因此,存在过程交替中的误差传递问题;另一方面模型是四个子模型一环扣一环,因此存在子模型之间误差的叠加传递问题。从模型性质上考虑:该模型是回归分析经验公式和动力过程的结合,如水盐生产函数、潜水蒸发经验公式、入渗补给经验公式等的预测值是期望估计值,存在标准差、相关系数等精度和显著性问题,但它们作为模型的变量因素,也同时将其概率特性带到模型中。为此,模型模拟输出数据就存在误差的传递、叠加和置信程度分析等,并不像单纯的一种方法其精度分析比较简单,需要把概率统计中的精度分析方法与数值计算中的误差分析方法相结合。

4.4.6.2 累积剩余标准差和报不准关系式

回归分析中的精度是用回归方程的剩余标准差表示,本节主要分析剩余标准差是如何通过模型而扩大的,也即随着预报步数的加大,预报精度的降低规律。

设回归方程的剩余标准差为σ,但经过n步计算后,累积剩余标准差一般将小于$n\sigma$(杨金忠、蔡树英,1998)。因为大多数的误差数值都小于2σ,而且每个数的误差符号不会都相同,从而使误差在累加时将发生抵消。较可靠的累积剩余标准差小于$\sigma\sqrt{n}$。n值由GSPAC模型计算程序步骤确定。95%可信度水平下的预报精度是$2\sigma\sqrt{n}$,也可称此为该模型的预报不确定关系式。根据预报不准确关系式,预报的时间越长,预计可达的误差越大,精度越低。但人们希望在总趋势上、总方向上要预报对。由于各回归方程为无偏估计,因此长期多步预测值也是无偏的,预报趋势是对的。趋势的扰动不是在累积剩余标准差上,而是在模型参数上。

4.4.6.3 模型参量和算法误差

对于地下水动态模拟,各平衡项都是无偏估计值,模型模拟均为加减运算,因此存在平衡项之间的标准差叠加问题。由于给水度数值较小,且准确数值难以获得,如通过给水度除水量变化求得水位变幅则会严重扩大绝对误差,减少精确度。所以直接预报水位变幅较好,尽量避开给水度做除数。给水度做除数是不稳定算法。

对于入渗模型,预报精度主要由优先流系数和淋洗系数决定,它们既影响趋势也影响精度,但公式为解析解,并不存在计算误差。

对于腾发模型,需水系数、蒸腾系数和潜水蒸发量都是经验的无偏估计,因此实际腾发量也是无偏的。腾发与土壤水分的相互制约关系,更约束了误差的扩大。算法是稳定的。从腾发积盐预报公式看,该计算式也是稳定的。

对于水盐生产函数预报值是无偏估计,一季作物标准差叠加一次。作物生育阶段水盐状况的平均削减了水盐动态预报值传递来的误差。它与水盐动态的反馈关系,好像给模型引入一个自检程序,反过来修正了入渗腾发交替过程中水盐动态预报值的误差,是个自适应过程模型,满足了中长期多步预测,要求自我修正不断扩大的误差。

而且GSPACS模型步长较常规的溶运移数值计算方法步长要大得多,计算步数要小得多,其累计误差也要小得多。因此,该模型可作为中长期的趋势预测和优化调控管理模型使用。

4.5 小 结

本章对土壤水盐动态的中长期预报的意义、可行性、基本原则和预报原理进行了讨论和研究。在基本规律和机理分析的基础之上,结合农田实际,借鉴气象预报的方法和理论,建立了土壤水盐动态中长期预测预报模型。0~20cm、20~50cm、50~100cm、100cm~地下水位、地下水5个空间段的负压、采集土样的1:5土水比的电导率、田间实测传感器电导率、土壤水分特征曲线、电导率和溶液浓度关系曲线、土壤溶液浓度随含水量和全盐量变化的关系曲线这6项监测内容的逐句变化曲线,全面表征了研究土壤水盐动态。水盐生产函数是鉴定土壤水盐动态优劣的指标。

土壤水盐动态预报是为土壤水分状况和盐分状况而编发的一种专业性预报。它是针对农业生产对象对土壤水盐状况的适应性和要求,以气候预测(主要是降水和腾发)为前提,以土壤—植物—大气—地下水系统的影响因素为预报因子,以溶质运移理论为基础,将上述四大子过程进行合乎规律的叠加和综合,运用一定的计算方法而编制的一种专业性预报,它是对农业生态环境质量指标的预测。在土壤水盐动态预测预报体系概念模型基础上,建立了GSPAC系统水-盐-作物产量动态中长期预测预报模型。

该预报模型根据黄淮海平原土壤水盐动态的特点,以入渗蒸发两个基本过程、地下水动态和水盐生产函数为基本思路来建立土壤潜水系统水盐动态模型。整个模型分为入渗过程土壤水盐动态、腾发过程土壤水盐动态、地下水位动态和水盐生产函数四个子模型。将入渗过程抽象为脉冲过程,忽略其时间作用;由地下水补给经验公式,水分及盐分迁移系数将三模型相互联结;最后又引入作物腾发修正系数 ξ 建立水盐动态及水盐生产函数的相互反馈关系,将地下水位、土壤水分、土壤盐分及作物产量联结在一起,使其成为一个时间上为入渗、腾发两过程交替式,空间上为地下水、土壤、作物三段反馈式的水盐动态预报模型。它是对石元春、李保国等地下水-土壤两段式测报方法的进一步发展。该模型首次采用过程交替方式,解决了中长期多步预测的问题;首次将水盐动态模型与作物产量相联系,建立了优化目标与水盐动态的反馈关系,找准了与优化调控管理模型的结合点,为优化调控提供了可能,体现了其生产实用性。该模型是在大量灌溉试验资料、地下水动态资料、土壤水盐动态试验资料基础上建立的,可用于农业生态系统的优化管理。

从精度分析考虑,它与水盐动态的反馈关系,好像给模型引入一个自检程序,反过来修正了入渗腾发交替过程水盐动态预报值的误差,满足了中长期多步预测,要求自我修正不断扩大的误差。而且GSPAC模型较常规的溶运移数值计算方法步长要大得多,计算步数要小得多,其累计误差也小得多。因此,可作为中长期的趋势预测和优化调控管理模型使用。

第5章 土壤水盐动态多目标优化调控管理模式

土壤水盐动态的最优化调控是通过农业种植结构、作物灌排制度(河灌和井灌)以及耕作等农事活动措施,在有限的水土资源范围内,来调整控制土壤水盐动态,使土壤水盐动态适合农业生产持续稳定发展的要求,使水土资源的经济和生态等效益最佳。其内容包括最佳地下水开采方案、最优灌溉制度、最优排水方案、种植计划、最佳土壤水盐动态过程、地下水动态过程以及最佳耕作管理方式等。

总结多年来的实践,各地提出了河井双灌、引洪淤灌、井灌种植小麦等土壤水盐动态优化调控管理的方式。但这些经验还需要从理论和具体技术上进一步系统化、规范化,适应节水和可持续发展的新形势。而我们建立的 GSPAC 系统水-盐-作物产量动态中长期预报模型为土壤水盐动态的优化调控管理提供了可能。

5.1 子过程水盐动态调控

调节和控制土壤水盐动态,就是要控制入渗和蒸发过程的强度和频度,变积盐过程为脱盐过程。控制入渗强度、增强脱盐作用,可采取改良土壤理化性质,增加入渗量,适当提高灌溉水量、疏通排水出路,加强淋洗效果,控制灌溉水质,减少灌溉水所带盐分。控制腾发强度减少积盐作用,一方面进行覆盖、免耕、盖砂、留茬、秸秆还田等各种地面减少水分消耗的措施,另一方面降低地下水位减少土层下部的盐分补给量。

5.1.1 入渗过程水盐动态调控

降雨和灌溉是土壤水盐动态变化的主要动力,我们不仅要使入渗过程本身不使土壤积盐,而且要使该过程能淋洗掉土壤中已有的盐分,而且在水量一定情况下,使得盐分淋洗量尽可能大。

5.1.1.1 入渗过程中水盐动态调控因素分析

$$\Delta S = f_2 [I(1-f_1) - \Delta W](C_I - C_t) + \Delta W C_I \qquad (5-1)$$

由式(5-1)可知,当灌溉水矿化度大于土壤溶液浓度时,淋洗系数越小积盐越少,淋洗系数越大积盐越多;优先流系数越大积盐越少,优先流系数越小积盐越多;灌溉水量越大积盐越多,灌溉水量越小积盐越少。

当灌溉水矿化度小于土壤溶液浓度时,淋洗系数越大积盐越少,淋洗系数越小

第5章 土壤水盐动态多目标优化调控管理模式

积盐越多。优先流系数越大积盐越多,优先流系数越小积盐越少;灌溉水量越大积盐越少,灌溉水量越小积盐越多。

当灌溉水矿化度 $C_I < \dfrac{C_t \cdot f_2[I(1-f_1)-\Delta W]}{\Delta W + f_2[I(1-f_1)-\Delta W]}$ 时,土壤脱盐。淋洗系数越大脱盐越多,淋洗系数越小脱盐越少。优先流系数越大脱盐越少,优先流系数越小脱盐越多;灌水量越大脱盐越多,灌水量越小脱盐越少。

式(5-1)的分析表明,灌溉水矿化度大于和小于土壤溶液浓度其调控措施截然相反。当矿化水用于非盐渍土时,一般 $C_I > C_t$,必然造成土壤积盐,为了控制积盐,应小定额灌水,减小淋洗系数,增大优先流系数;当微咸水或淡水用于盐渍土时,一般 $C_I < C_t$,土壤积盐不会太大,甚至脱盐。为了控制积盐,增大脱盐,则要加大灌水定额,增大 f_2,减小 f_1,也即提高土壤的均匀渗透性,达到洗盐的目的。由此表明,因土施水是防止灌溉土壤次生盐渍化的重要控制措施之一。

5.1.1.2 灌溉水矿化度临界方程

灌溉水量和灌溉水矿化度是入渗过程中,土壤水盐状况的主要调控因子。为使土壤不积盐,灌溉水矿化度应满足下式

$$C_I \leqslant C_t \frac{f_2[I(1-f_1)-\Delta W]}{\Delta W + f_2[I(1-f_1)-\Delta W]} \tag{5-2}$$

令

$$\alpha = \frac{f_2[I(1-f_1)-\Delta W]}{\Delta W + f_2[I(1-f_1)-\Delta W]} \tag{5-3}$$

$$\eta = \alpha \frac{1000}{\theta_0} \tag{5-4}$$

则

$$C_I \leqslant \eta S_0 \tag{5-5}$$

暂称上式为灌溉水临界方程,称 η 为临界系数。S_0 为土壤含盐量(g/kg),依据上式可求出不同 f_1、f_2、I 时的 η 值。

5.1.1.3 应用实例和临界淋洗系数

1) 灌溉水临界矿化度 以山西省永济灌溉试验[①]为基础,根据田间实际灌溉经验,应用如下基本数据:

$\theta_s = 29.7(\%)$, $\theta_0 = 15(\%)$, $\gamma = 1.514(T/m)$, $D = 50(cm)$, $W_s - W_0 = 111.279(mm)$

根据式(5-2)~(5-5),计算得表5-1。表5-1 给出了不同优先流系数、不同淋洗系数和不同灌溉水量情况下的临界系数和土壤含盐量为 3g/kg 时的灌溉水临界矿化度值,可供灌溉时参考使用。由表可知,灌水量大小、土壤含盐量是最重要的影响因素。试验确定不同土壤的优先流系数和淋洗系数也是非常重要的。

---

① 山西省水利科学研究所,山西省主要农作物需水量与灌溉制度总结,1990.

表 5-1 灌溉水矿化度临界系数及临界灌溉水矿化度表($C_I \leq \eta S_0$)

优先流系数 f_1	淋洗系数 f_2	临界系数 η					当土壤含盐量 $S=3g/kg$ 时的临界灌溉水矿化度 $C_I/(g/L)$				
		灌水量 I/mm									
		40	60	90	120	150	40	60	90	120	150
0	0.75	8.338	13.660	28.831	37.253	42.611	2.501	4.098	8.649	11.176	12.783
	0.5	5.800	9.775	22.456	30.517	36.093	1.740	2.932	6.737	9.155	10.828
	0.3	3.605	6.229	15.570	22.411	27.638	1.082	1.687	4.670	6.723	8.291
0.1	0.75	7.560	10.961	25.276	34.378	40.200	2.268	3.288	7.583	10.313	12.060
	0.5	5.239	7.731	19.288	27.673	33.538	1.572	2.319	5.786	8.302	10.061
	0.3	3.245	4.864	13.086	19.907	25.189	0.973	1.459	3.926	5.972	7.557
0.25	0.75	5.585	9.291	18.489	28.831	35.519	1.676	2.787	5.547	8.649	10.655
	0.5	3.83	6.496	13.581	22.456	28.790	1.149	1.949	4.074	6.737	8.637
	0.3	2.352	4.012	8.871	15.570	20.879	0.705	1.204	2.661	4.671	6.264
0.5	0.75	4.330	6.373	9.295	13.660	22.511	1.299	1.912	2.789	4.089	6.753
	0.5	2.950	4.389	6.498	9.775	16.910	0.885	1.317	1.950	2.932	5.073
	0.3	1.801	2.704	4.057	6.229	11.291	0.540	0.811	1.217	1.869	3.387
0.7	0.75	2.642	3.901	5.769	7.560	9.291	0.792	1.173	1.731	2.268	2.787
	0.5	1.786	2.659	3.960	5.239	6.496	0.536	0.798	1.188	1.572	1.949
	0.3	1.084	1.621	2.434	3.245	4.055	0.325	0.486	0.730	0.974	1.217

2) 优先流系数

应用表 5-2 资料,代入式(4-35)可求得表 5-3,表 5-3 表明优先流系数随土层厚度及灌水量而变化,而 β 值相对稳定,仅受土壤初始含水量和其他基本水分物理性质的影响,β 值是否可作为储水特性指标还有待深入研究。

表 5-2 土壤储水特性计算基本资料表

土层 D/cm	初始含水量 θ_0/%	田间持水量 θ/%	饱和含水量 θ_s/%	$\theta - \theta_0$	$\theta - \theta_s$	容重 γ/(g/cm³)
0~20	16.10	22.01	31.01	6.02	15.03	1.46
0~50	17.20	23.03	33.32	5.82	16.12	1.51
0~100	17.32	22.86	30.96	5.51	13.64	1.57

3) 实测灌溉水临界矿化度经验公式 应用逐次灌溉水矿化度和灌前灌后土壤含盐量测定数据,点绘了土壤灌前含盐量及灌溉水矿化度的散点图,并绘制灌后土壤含盐量等值线。将土壤灌前含盐量与灌后含盐量相等的等值线交点数据整理

为表5-4。

表5-3　土壤储水特性表

土层 D /cm	土壤储水系数 β	$1-f_1$	灌水量 I/mm				
			40	60	90	100	150
0~20	1.1187	22.374/I	0.559	0.373	0.4022	0.186	0.149
0~50	1.095	54.75/I	(1.369)	0.913	0.608	0.456	0.365
0~100	1.108	110.8/I	(2.77)	(1.847)	(1.231)	0.923	0.739

表5-4　灌溉前后盐分平衡点据表

土层/cm		灌水量 $I=60$mm					
0~20	土壤含盐量 S_0/(g/kg)	1.0	2.0	3.0	4.0	5.0	6.0
	灌溉水矿化度 C_I/(g/L)	3.5	5.2	5.3	8.0	7.3	8.3
0~50	土壤含盐量 S_0/(g/kg)	1.0	2.0	3.0	4.0	5.0	
	灌溉水矿化度 C_I/(g/L)	3.5	4.0	6.0	7.3	7.2	

将 C_I 与 S_0 回归分析,得经验性灌溉水矿化度临界回归方程

0~20cm 土层　　$C_I = 1.087 S_0 + 2.463, R = 0.931$ 　　(5-6)

0~50cm 土层　　$C_I = 1.176 S_0 + 2.074, R = 0.954$ 　　(5-7)

另一方面,当 $I=60$mm, $f_2=0.913$, $\Delta W=43.262$ 时, $C_I=1.3036 S_0$;当 $S_0=3$g/kg 时, $C_I=3.91$g/L。实测经验值5.602要比本文模型计算值3.91高,主要是由于天然降雨的淋洗作用所致。

4)临界淋洗系数　由式(4-40),当 $\lambda_2=0$ 时,临界淋洗系数

$$f_2 = -\frac{K_r}{(1-f_1-K_r)(1-C_r)} \quad (5-8)$$

当优先流系数为零时,由上式可求得临界淋洗系数如表5-5所列。

5.1.1.4　入渗过程控制小结

通过对入渗条件下的土壤水盐动态模型的讨论提出灌溉水临界矿化度方程,认为因土灌水是防止灌溉土壤次生盐渍化的重要控制措施之一,灌溉水量和灌溉水矿化度是入渗过程中土壤水盐状况的主要调控因子。为使土壤不积盐,灌溉水矿化度应满足临界灌溉水矿化度方程。应用式(5-2)可确定适宜的灌溉水矿化度。

应用实际观测所得的灌溉水临界矿化度经验公式,又引入了临界淋洗系数。从图5-1可以查得试验条件下20cm或50cm土层不同土壤含盐量时灌溉水临界矿化度,以及相应的临界淋洗系数。

表 5-5 临界灌溉水矿化度及临界淋洗系数表

土壤初始含盐量 S_0/(g/kg)	0~20cm 土层			0~50cm 土层		
	临界灌溉水矿化度 C_{l20}/(g/L)	土壤相对浓度 C_{r20}	临界淋洗系数 f_2^{20}	临界灌溉水矿化度 C_{l50}/(g/L)	土壤相对浓度 C_{r50}	临界淋洗系数 f_2^{50}
1	3.55	1.878	0.480	3.25	2.051	(2.459)
2	4.637	2.875	0.225	4.426	3.013	(1.284)
3	5.724	3.494	0.169	5.602	3.570	(1.006)
4	6.811	3.915	0.145	6.778	3.934	0.881
5	7.898	4.220	0.131	7.954	4.191	0.810
6	8.985	4.452	0.122	9.13	4.381	0.765
7	10.072	4.633	0.116	10.306	4.528	0.733
8	11.159	4.779	0.112	11.482	4.645	0.709
9	12.246	4.900	0.108	12.658	4.740	0.691
10	13.333	5.000	0.105	13.834	4.819	0.677

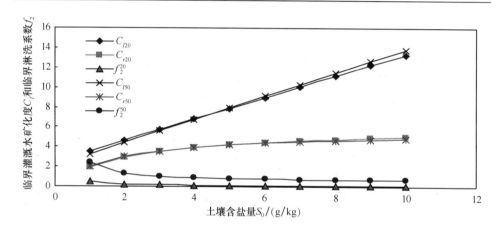

图 5-1 临界灌溉水矿化度及临界淋洗系数与土壤含盐量关系

5.1.2 腾发过程水盐动态调控

腾发期间土壤表面到某一深度土体的积盐量

$$\Delta S = E_d \times K_s \times C_\pm \tag{5-9}$$

式中盐分迁移系数 K_s 和土壤溶液浓度 $C_\pm$ 一般变化很小,控制积盐主要是控制下边界毛管水补给量 E_d。下边界毛管水补给量越大积盐越多。只有下边界毛管水补给量为负时才会脱盐。但在腾发期间,特别是对于 20cm 或 50cm 土层,下边界毛管水补给量不可能为负。所以腾发积盐是绝对不可避免的。从控制积盐上考虑下边界毛管水补给量越小越好,而从作物需水考虑则要求有一定的下边界毛管水补给量。人为控制的目的就是如何使其适合作物生长。

5.1.2.1 腾发过程中水盐动态调控因素分析

下边界毛管水补给量

$$E_d = [1 - k(Lr)]E_g + k(Lr)E_\pm + [k(Lr) - \beta]T \qquad (5\text{-}10)$$

上式说明控制下边界毛管水补给量可分为控制地下水蒸发量、控制上边界土壤蒸发和作物蒸腾两个方面。控制潜水蒸发要尽可能降低地下水位;控制作物蒸腾要适当降低土壤含水量,或减小作物叶面气孔开度;减少棵间土壤蒸发量则要采取各种覆盖措施、缩短地表湿润时间(张妙仙,1996);提高 β 则要使根系尽可能深;水分迁移系数则应尽可能小。而各项调控措施都与地下水埋深密切相关。为此本节主要讨论地下水埋深的合理调控。

5.1.2.2 各种优化目标最佳地下水埋藏深度

地下水的潜育作用和积盐作用是盐化潮土最主要的成土过程,而且潜育作用和积盐作用随地下水的深浅而变化。地下水对于土壤的作用,可以归结为如下几个方面:首先地下水以潜水蒸发的形式补给土壤水分,是作物所需水分的一个重要来源,过高的地下水位造成土壤不良的水、气、热状况,使作物受渍害,而过低的地下水位则断绝了土壤的一个重要水源,在干旱无灌溉条件下,则会造成土壤水分不足,只有地下水位保持一定深度范围时土壤水分才符合作物生长要求,地下水位过高过低都会造成作物减产;其次,地下水在供给土壤水分的同时,也补给了土壤盐分,是造成土壤盐化的重要原因。尽管地下水资源的大面积开采,使盐渍土面积大大缩减,但使地下水位持续下降。如封丘县地下水埋深由 20 世纪 80 年代的 2m 左右下降到目前的 5~8m,局部地区甚至到 10m 以上,地下水漏斗面积不断扩大(周凌云,1999),脱潮土趋势十分明显,淋溶作用逐渐加强,潜育作用逐渐减弱。土壤改良的目的是建设水、肥、气、热相互协调的土壤,而不是将潮土转变为褐土。协调地下水供水供盐的矛盾是建立良好土壤的关键。地下水埋藏深度和干旱、盐渍灾害的关系密切。调控适宜的地下水埋藏深度是干旱、盐渍灾害综合治理的重要途径。

优化目标是调控适宜的地下水埋藏深度首先要考虑的指标问题。当土地资源是农业发展的限制因素时,以单位面积的产量最高为优化目标;当水资源成为农业发展的限制因素时,则以水分生产效率最高为目标;当从雨水的水资源转化角度考虑时,则以雨水的水资源转化率最高为目标。

1) 土地生产率最佳地下水埋藏深

(1) 地下水埋深与作物产量关系。地下水对作物的影响随地下水维持时间、作物种类、土壤质地和地下水矿化度的不同而不同。图 5-2 是作者根据玉米耐渍调查试验资料给出的不同地下水矿化度时轻壤土玉米作物产量与地下水埋深之间的关系曲线。荷兰科学家魏赛尔给出了不同土壤相对产量与地下水埋藏深度的关系曲线(Schilfgaarde,1974),曲线中砂质、壤质、黏质土壤最佳地下水埋深分别为50cm、100cm和130cm。

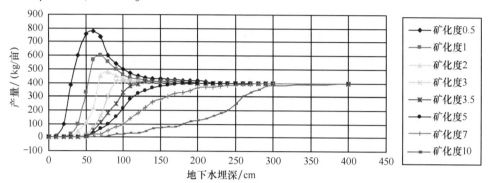

图 5-2　不同地下水矿化度时的玉米产量和地下水埋深关系图

(2) 土地生产率最佳地下水埋藏深度。1994年作者在山西省沁县的轻壤土玉米耐渍试验中,得出渍水20天时,地下水埋深小于40cm作物受渍,大于80cm作物受旱,地下水埋深在40~80cm时,对作物有增产作用,地下水埋藏深度为60cm时的玉米产量最高。威廉森和克里兹总结出对于砂质土壤,玉米作物最佳地下水埋藏深度为75cm(Schilfgaarde,1974)。山西省水利科学研究所地中蒸渗试验,全剖面亚砂土和砂层黏互层,小麦最佳地下水埋藏深度分别为1.5m和1.3m。2000年中国科学院南京土壤研究所封丘农业生态试验站土壤水盐动态模拟试验,全剖面粉砂壤土、30cm黏土夹层和100cm黏土层,棉花作物最佳地下水埋藏深度分别是3.0m、2.5m和2.5m。

土壤根系活动层的水分含量控制在田间持水量以下,才是良好的土壤水气条件。根据大量的研究,一般认为田间持水量相当于土壤水分吸力为0.05~0.3Pa范围,即砂性土为0.05Pa,壤土为0.1Pa,黏土为0.3Pa。以水柱高度换算,即可以认为要使根系活动层达到这个要求,在不考虑蒸散条件下,地下水位必须控制在50~300cm以下,若把主要根系活动层定为30cm,则砂性土地下水埋深须在80cm,壤土在130cm,黏土在330cm。

许多试验和实践都表明,各种作物和土壤都存在产量最高的地下水埋藏深度。我们称单位土地面积的作物产量即土地生产率最高时的地下水埋藏深度为土地生产率最佳地下水埋藏深度,该指标是当土地资源是农业发展的最主要限制因素时的优化目标。

2) 地下水分生产效率最佳地下水埋藏深度　当水资源成为农业发展的限制因素时,则应以水分生产效率(WUE)最高为优化目标,以达到水资源的最优利用。

第5章 土壤水盐动态多目标优化调控管理模式

因此,我们可引入作物对地下水资源的利用率,也可称为地下水分生产效率,或地下水分利用率 GWUE

$$\text{GWUE} = \frac{Y}{EG} \tag{5-11}$$

式中,GWUE 为地下水分利用率;Y 为作物产量;EG 为潜水蒸发量。当地下水分生产率最高时的地下水埋藏深度我们称其为地下水分生产率最佳地下水埋藏深度。

(1) 潜水蒸发量 EG。潜水蒸发量 EG,与土体构型、土壤质地、地下水埋藏深度和植被长势有关。土质愈重,潜水蒸发量愈小;植被愈旺,潜水蒸发量愈大;地下水埋深愈浅,潜水蒸发量愈大。根据山西省水利科学研究所地中蒸渗试验分析得出表 5-6 和回归分析式(5-12)~(5-15)。

表 5-6 裸地与植被潜水蒸发系数表

土壤质地	亚砂土						
地下水埋深/cm	50	100	150	200	250	300	350
裸地潜水蒸发系数 C_{EG}	0.3449	0.2301	0.1689	0.0992	0.0572	0.0468	0.0297
植被潜水蒸发系数 C_{EG}	0.4656	0.3298	0.2742	0.1831	0.1405	0.0973	0.0592
植被为裸地的倍数 α	1.35	1.43	1.62	1.85	2.46	2.08	1.99
土壤质地	层砂层黏互层						
地下水埋深/cm	50	100	130	170	200	250	300
裸地潜水蒸发系数 C_{EG}	0.1696	0.1018	0.0917	0.0781	0.0421	0.0278	0.0148
植被潜水蒸发系数 C_{EG}	0.2371	0.1691	0.1449	0.1179	0.1020	0.0797	0.0624
植被为裸地的倍数 α	1.40	1.57	1.58	1.51	2.42	2.87	4.23

裸地年潜水蒸发系数公式

亚砂土 $\quad C_{EG} = 1.0025 - 0.168\ln h, R = -0.996 \tag{5-12}$

亚黏亚砂互层 $\quad C_{EG} = 0.5078 - 0.086\ln h, R = -0.991 \tag{5-13}$

有植被生长地年潜水系数公式

亚砂土 $\quad C_{EG} = 1.2934 - 0.209\ln h, R = -0.996 \tag{5-14}$

亚黏亚砂互层 $\quad C_{EG} = 0.06196 - 0.0977\ln h, R = -0.999 \tag{5-15}$

式中,C_{EG} 为潜水蒸发系数;h 为地下水埋深(cm)。根据上式可求得不同地下水埋深,不同水面蒸发量下,有无植被的潜水蒸发量。

(2) 地下水埋深与地下水分生产率关系。根据式(5-11)~(5-15)和图 5-2 可求得图 5-3。从图 5-3 可知,当地下水矿化度分别为 0.5g/L、1g/L、2g/L、3g/L、3.5g/L、5g/L、7g/L、10g/L 时,玉米的地下水分生产效率最佳地下水埋藏深度分别为 60cm、70cm、80cm、100cm、150cm、180cm、290cm、310cm。另外,野外调查结果,小麦作物的地下水分生产效率最佳地下水埋藏深度在 150~200cm。

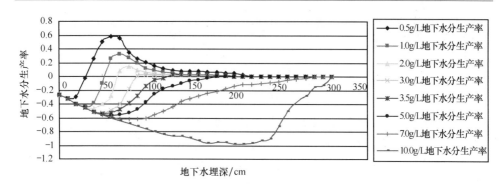

图 5-3　不同地下水矿化度玉米作物地下水分生产率与地下水埋深关系图

3) 盐化修正地下水分生产效率最佳地下水埋藏深度　以上分析仅为无盐害情况下的最佳地下水埋藏深度。当考虑到盐害时,地下水分生产效率需以发生土壤盐渍化的可能性加以修正,为此引入盐化修正地下水分生产效率 SGWUE

$$SGWUE = \beta \cdot GWUE \tag{5-16}$$

式中,β 为土壤不发生盐渍化的可能性。把盐化修正后的地下水分生产效率最高的地下水埋藏深度称为盐化修正地下水分生产效率最佳地下水埋藏深度。

一般认为地下水埋深大于 300cm,或大于地下水临界深度则无盐渍化威胁,即 β 为 1。但实际上,β 随地下水埋深而变化。

以表 2-16 中不同地下水埋深发生盐化级别的统计概率,作为土壤的盐分修正系数,则得表 5-7 和图 5-4,小麦盐化修正地下水分生产效率最佳地下水埋藏深度为 250cm 左右。

表 5-7　小麦作物盐化修正地下水分生产率最佳地下水埋藏深度分析表

h/m	GWUE	轻度盐害		中度盐害		重度盐害		加权和	
		β	SGWUE	β	SGWUE	β	SGWUE	β	SGWUE
0.4	0.167	45	0.075	80	0.135	85	0.142	23	0.124
0.6	0.263	45	0.118	80	0.21	85	0.224	36	0.195
0.8	0.38	45	0.171	80	0.304	85	0.323	52	0.28
1.0	0.435	56.6	0.246	80	0.348	85	0.370	64	0.344
1.2	0.475	49	0.233	82	0.389	94.3	0.448	70	0.376
1.5	0.545	49	0.267	71.7	0.391	80.2	0.437	70	0.378
1.8	0.54	49	0.265	71.7	0.387	80.2	0.433	70	0.378
2.0	0.54	49	0.265	71.7	0.387	80.2	0.433	70	0.378
2.2	0.52	49	0.255	71.7	0.373	80.2	0.417	76	0.41

续表

h/m	GWUE	轻度盐害		中度盐害		重度盐害		加权和	
		β	SGWUE	β	SGWUE	β	SGWUE	β	SGWUE
2.4	0.51	67	0.342	78.8	0.402	87.9	0.448	74	0.40
2.6	0.505	67	0.338	78.8	0.398	100	0.505	91	0.489
3.0	0.47	87.5	0.441	100	0.47	100	0.470	84	0.455
3.2	0.435	60	0.261	90	0.391	100	0.435	69	0.372
3.4	0.398	60	0.237	90	0.355	100	0.395	63	0.338
3.8	0.35	60	0.21	90	0.315	100	0.350	55	0.299
4.0	0.335	100	0.335	100	0.335	100	0.335	62	0.335

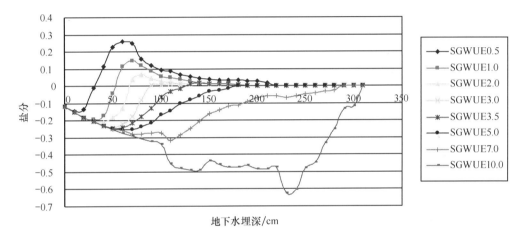

图 5-4　不同地下水矿化度时的玉米盐化修正地下水分生产效率和地下水埋深关系图

4) 降雨的地下水转化率最佳地下水埋藏深度　雨水的地下水转化率是随地下水埋藏深度和年内地下水动态过程而变化的,我们把雨水的地下水转化率最高时的地下水埋藏深度称为雨水转化率最佳地下水埋藏深度。

地下水允许开采量(地下水资源量)等于多年平均补给量减去多年平均蒸发量,即年内雨水的地下水净转化量。一个地区的入渗补给量和潜水蒸发量,它是随着不同水文年和地下水开采水平的变动而变动的。地下水动态变化影响地下水允许开采量,地下水允许开采量反过来又影响地下水动态。地下水动态模拟调控表明,地下水允许开采量存在极大值,其相应的地下水埋藏深度为最佳值。

开采不足造成土壤盐渍灾害,开采过量则造成地下水位的持续下降。只有适当的地下水开采量才能达到旱渍盐灾害综合治理,扩大水资源的目的。而最佳的地下水开采量需要地下水动态的多年调节和反复模拟才能求得。具体调控见5.2.3 节。

5.2 土壤水盐动态优化调控管理模式

上面讨论了子过程水盐动态的控制途径,重在控。而土壤水盐动态优化在于调,如何使采用的方案最佳,是这一节要讨论的重点。我们在做一切工作时,总希望所选的方案是一切可能方案中最优的方案,这就是最优化问题。最优化技术就是研究和解决最优化问题的一门学科。根据土壤水盐动态的过程特性和多目标性,它属于多目标多阶段决策问题。因此,我们应用动态规划和多目标规划的思想针对土壤水盐动态变化的特点建立其调控管理模型。

5.2.1 多目标动态规划数学模型

5.2.1.1 优化目标

优化目标是土壤水盐动态调控时首先要考虑的指标问题。从水土资源利用、农业生态环境和农业可持续发展的总目标出发,可归纳为四个优化目标:

1) 从水资源角度出发,要充分利用降雨,使雨水的资源转化率最高。
2) 使有限的水资源利用率最高,即水分生产效率最高。
3) 从土壤质量出发,要使土壤盐分长期控制在作物的耐盐临界值以下。
4) 从农业可持续角度出发,要使农业产量长时期内持续稳定。

5.2.1.2 土壤水盐动态的多目标规划数学模型描述

1) 阶段变量:根据农作物的生长过程,将其全生长期划分为 N 个不等长的生长阶段,阶段变量为 $n=1,2,\cdots,N$。如小麦可分为播前,苗期,拔节,抽穗,开花,灌浆,乳熟七个阶段。

2) 决策变量(可调控因子):决策变量为各生长阶段的河灌水量、井灌水量(或地下水开采量),灌溉水矿化度。

3) 状态变量:土壤水分,盐分,地下水埋深,作物产量。

4) 系统方程:不同于一般的规划模型,它是以整个水盐动态模型为其系统方程 GSPAC 系统水-盐-作物产量动态预测预报模型。

5) 目标函数:以多年的长系列水盐生产函数最大,地下水允许开采量最大为目标。

6) 约束条件:决策约束,含水量约束,地下水位约束:始等于末。

7) 初始条件:初始含水量,含盐量,地下水位,排水沟间距和深度。

5.2.2 土壤水盐动态多目标优化调控模式

5.2.2.1 设计水文年土壤水盐动态优化调控

设计水文年土壤动态调控模型见图5-5。具体步骤如下：

1) 最大开采量的初步确定

(1) 进行多年降雨和蒸发的水文分析,确定不同干旱程度下,设计频率的年内降雨和水面蒸发过程。

(2) 假设一系列不同的初始地下水埋深,根据地下水动态模型,进行无灌溉条件下的、不同设计年的地下水动态过程模拟,并求出始末地下水埋深差值。

(3) 绘出初始地下水埋深与始末地下水埋深差值之间的关系曲线。

(4) 由曲线确定始末地下水埋深差值最大的初始地下水埋深。

(5) 将这一差值换算为水量,即为无灌溉条件下,设计年的地下水最大补给量。

(6) 根据地下水开采的采补平衡原则,将这一补给量,作为可开采量。

2) 河井双灌灌溉制度初步确定

第一步,根据作物种植计划和可开采量,确定井灌的灌水次数、灌水量和灌水时间。

第二步,根据渠灌可引水量,确定渠灌的灌水次数、灌水量和灌水时间。

第三步,得出河井双灌的灌溉制度。

3) 设计水文年最佳地下水埋深动态和最佳灌溉制度

首先,将这一灌溉制度与降雨和水面蒸发过程相叠加,在最大补给量的初始地下水埋深附近,再次假设一系列不同的初始地下水埋深,根据地下水动态模型,进行不同设计年的地下水动态过程模拟,并求出始末地下水埋深差值。绘出初始地下水埋深与始末地下水埋深差值之间的关系曲线。由曲线确定始末地下水埋深差值最大的初始地下水埋深,将这一差值换算为水量,并重新调整地下水开采量和河井双灌的灌溉制度。

其次,按照上一步反复模拟调整,直到始末地下水埋深相等为止。这样就制定出了以降雨转化率最大为目标的最佳地下水位和最佳灌溉制度。

再次,在这样的地下水位和灌溉制度基础上进行土壤水盐动态和作物产量计算。

最后,根据土壤盐分指标和产量进一步检验这样的灌溉制度是否合适。

5.2.2.2 中长期水盐动态调控

以上是设计水文年的水盐动态调控管理模式。而土壤盐分状况和产量好坏不能以一年的模拟结果来定,需要根据长期动态来定。为此,还需要中长期的土壤水盐动态和产量动态模拟,才能进行确定。调控模式见图5-6。

土壤水盐动态预测及调控

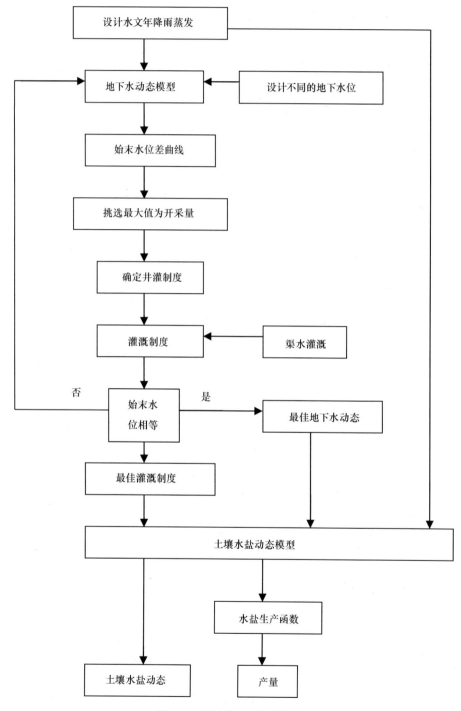

图5-5 设计水文年调控模式

第5章 土壤水盐动态多目标优化调控管理模式

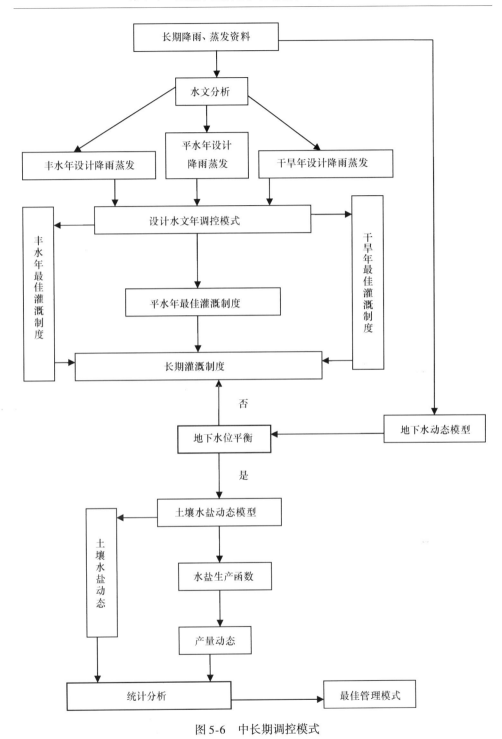

图 5-6 中长期调控模式

1) 多年灌溉制度和地下水动态过程

首先,将不同水文年的灌溉制度,分别与长期降雨和水面蒸发气象资料相匹配,制定长期的灌溉制度。

其次,以长期降雨和水面蒸发气象资料和已定的灌溉制度模拟多年地下水埋深动态变化过程。

最后,观测地下水动态过程变化曲线,以采补平衡原则分析其合理与否。并调整灌溉制度,直到采补平衡。

2) 不同井水矿化度的土壤水盐动态和产量动态 一般来说河水矿化度较低,只要以当地测定水质进行计算即可,而井水矿化度则不同地区相差较大,为此,假设不同的地下水矿化度,进行土壤水盐动态和产量动态模拟计算。

3) 多年盐分动态和产量动态模拟结果的统计分析

首先,统计计算多年平均产量、多年土壤盐分的平均值和出现的土壤盐分最高值。

其次,根据统计结果绘出地下水矿化度与多年平均产量的关系曲线,从而给出河井双灌长期效益和对土壤质量指标——土壤盐分的长期作用的定量说明,确定可以河井双灌的最高地下水矿化度。

最后,制定满足预期的优化目标的河井双灌灌溉制度。

这一多层次多目标多因素非线性动态规划模型的提出是对多年实践总结出的河井双灌、土壤水盐动态优化调控管理的方式和经验,从理论和具体技术上进一步系统化和规范化。

5.2.3 优化调控实例

将前述调控模型,应用 Visual Basic 计算机语言,编成计算机程序,应用山西省永济 1957~1992 年气象资料进行土壤水盐动态的模拟调控试验。不同水文年进行地下水动态模拟,模拟结果显示:春季地下水埋深:丰水年为 5.5m、平水年为 4.5m、干旱年为 4.8m 左右时,该时段雨水对地下水的净补给量最大,雨水的资源转化率最高,雨季最高地下水埋深可到 1.5~2.5m。最大水资源量可达到 140mm,如果耕地系数为 0.8 时则最大可开采量为 175mm,合 116.5m^3/亩。这一水量必须在春季开采,既不能多也不能少,过多会造成下一年补给量的降低,水位的持续下降,过少会使下一年水位上升,潜水蒸发量加大,土壤的盐渍化加强。这一水量分三次,分别在 3 月、4 月、5 月中旬抽水灌溉。

利用上述调控模式,设计不同的灌水矿化度进行小麦长系列纯井灌试验,计算模拟试验结果如表 5-8,图 5-7,图 5-8 所示。结果表明:7g/L 以下井水灌溉才比旱地产量高,5~7g/L 井水灌溉增产效果不大,2g/L 水灌溉是淡水增产幅度的 86%,是旱地产量的 1.44 倍,最高盐分为 1.8g/kg,多年水位保持平衡。3g/L 井水灌溉是淡水增产幅度的 63%，是旱地产量的 1.4 倍，最高盐分为 2.5g/kg，多年水位保持平衡。

表 5-8　小麦三次灌水计算机模拟结果

灌溉水矿化度/(g/L)	与淡水产量的比值	最高含盐量/(g/kg)	增产幅度/%	与旱地产量的比值
14	0.346 6	6.8	-115.20	0.50
12	0.446 0	5.8	-82.45	0.64
9	0.602 7	4.8	-30.85	0.87
7	0.708 8	3.9	4.08	1.02
5	0.728 5	3.8	10.57	1.05
3	0.888 3	2.5	63.28	1.28
2	0.959 2	1.8	86.54	1.38

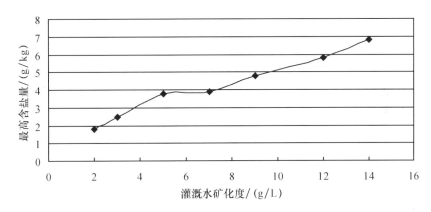

图 5-7　灌溉水矿化度与最高含盐量关系

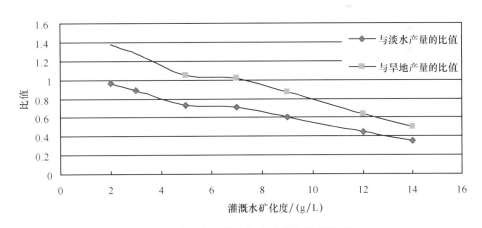

图 5-8　灌溉水矿化度与小麦增产效果关系

根据作物耐盐指标,初步得出在地下水矿化度小于 3g/L 的地区,春季,3 月、4 月、5 月抽水 3~4 次,亩次灌水 40m³,可满足雨水的资源转化率最高,土壤盐分长期控制在作物的耐盐临界值以下的优化目标。合理的地下水开采量和开采时间是最关键的调控措施。

5.3 小　　结

本章主要讨论研究如何应用 GSPAC 系统水-盐-作物产量动态预报模型,进一步建立土壤水盐动态优化调控管理模式。本章分为两方面的内容。首先从水盐动态形成的主要子过程入渗和腾发过程着手,讨论控制子过程中土壤水盐动态的控制因子、控制途径和控制措施,其重点在"控"字上。其次从动态的角度出发,来调整入渗和腾发相互交替的频度,其重点在"调"字上。为了使调控措施和方案最佳,从水土资源的角度出发讨论优化目标,建立多目标土壤水盐动态优化管理模型。

通过对入渗条件下的土壤水盐动态模型的讨论提出灌溉水临界矿化度方程,认为因土灌水是防止灌溉土壤次生盐渍化的重要控制措施之一。灌溉水量和灌溉水矿化度是入渗过程中,土壤水盐状况的主要调控因子。为使土壤不积盐,灌溉水矿化度应满足灌溉水临界矿化度方程。通过对腾发过程中土壤积盐模型的讨论,主要调控因子为地下水蒸发量、土壤蒸发量和作物蒸腾量。控制潜水蒸发要尽可能降低地下水位;控制作物蒸腾要适当降低土壤含水量,或减小作物叶面气孔开度;减少作物棵间土壤蒸发量则要采取各种覆盖措施;提高 β 则要使根系尽可能深;水分迁移系数则应尽可能小。

地下水是土壤水盐动态最主要的影响因子,本书从作物产量、地下水分生产效率、盐分威胁和雨水对地下水的补给四方面,讨论了地下水埋深的供水供盐作用,提出了各种优化目标下的最佳地下水埋深,可供不同的规划要求使用。最佳地下水埋深不同于以往的地下水临界深度的概念,它的提出对水土资源的优化管理具有理论和实践的意义。

土壤水盐动态优化管理,不仅是对子过程和主要影响因素强度的控制,更重要的是调整子过程的频度。本书以降雨入渗最大、充分利用地下水、合理引用地面水为水资源利用原则,以多年平均作物产量最高为指标,以土壤长时期内盐分不累积为检验,应用 GSPAC 系统水盐运动模型,从降雨资源转化率最大入手,年内调节与多年调节相结合,建立了多层次多目标多因素的土壤水盐动态调控管理模型。这一多层次谱系结构的多目标多因素非线性动态规划模型的提出是对多年实践总结出的河井双灌、引洪淤灌、井灌种麦等土壤水盐动态优化调控管理的方式和经验,从理论和具体技术上进一步系统化和规范化。

参 考 文 献

鲍罗夫斯基 B M,等.1974.盐渍土改良的数量研究法.尤文瑞,等译.北京:科学出版社:56-74.
蔡树英,杨金忠,张喻芳.1998.预报土壤盐分动态的多层递阶时序法.土壤学报,32(2):254-259.
丑纪范.1986.长期数值天气预报.北京:气象出版社:329.
邓建中,葛仁杰,程正兴.1996.计算方法.西安:西安交通大学出版社:359-364.
方生,陈秀玲.1990.水资源合理调控利用和旱涝碱咸综合治理//北方地区治理洼涝碱中低产田水利技术措施经验交流会论文选编.北京:水利部农村水利水土保持司:58-63.
国际土地开垦和改良研究所.1980.排水原理和应用.粟宗嵩,朱忠德译.北京:农业出版社.
郭永辰.1992.黑龙港地区浅层地下咸水利用的研究.灌溉排水学报,11(4):14-23.
康绍忠,梁银丽,蔡焕杰,等.1998.旱区水-土-作物关系及其最优调控原理.北京:中国农业出版社.
雷志栋,杨诗秀,谢森传.1988.土壤水动力学.北京:清华大学出版社.
李昌静,卫钟鼎.1983.地下水水质及其污染.北京:中国建筑工业出版社.
李韵珠,李保国.1998.土壤溶质运移.北京:科学出版社.
李远华.1999.节水灌溉理论与技术.武汉:武汉水利电力大学出版社:69-130.
刘亚平,陈川.1996.土壤非饱和带中的优先流.水科学进展,7(1):85-89.
孟繁华.1995.种植作物对耕层土壤水盐动态的影响.土壤,27(6):23-29.
屈婉玲.1989.组合数学.北京:北京大学出版社.
单秀枝,魏由庆,严慧峻,等.1998.土壤有机质含量对土壤水动力学参数的影响.土壤学报,35(1):2-9.
沈立昌.1982.地下水长观资料的分析计算//水电部黄河水利委员会水文局.地下水资源评价参考资料汇编.水电部黄河水利委员会水文局:1-72.
施雅风.1995.气候变化对西北华北水资源的影响.济南:山东科学技术出版社:347.
石元春,李韵珠,陆锦文,等.1991a.盐渍土的水盐运动.北京:北京农业大学出版社:9-20.
石元春,李保国,李韵珠,等.1991b.区域水盐运动监测预报.石家庄:河北科学技术出版社:19-26.
石元春,辛德惠,李韵珠,等.1983.黄淮海平原的水盐运动和旱涝盐碱的综合治理.石家庄:河北人民出版社.
孙讷正.1981.地下水流的数学模型和数值方法.北京:地质出版社.
日本土壤物理性测定委员会.1979.土壤物理测定法.翁德衡译.重庆:科学技术文献出版社重庆分社:50-100,250-350.
王馥棠,冯定原,张宏铭,等.1991.农业气象预报概论.北京:农业出版社:18-69.
王学锋,尤文瑞,王遵亲.1994.表层盐化土壤的灌溉淋洗需要量.土壤学报,31(2):190-196.

王遵亲,等.1993.中国盐渍土.北京:科学出版社:387-390.

魏凤英,曹鸿兴.1990.长期预测的数学模型及其应用.北京:气象出版社:6-9.

魏由庆,刘思义.1989.黄淮海平原土壤潜在盐渍化预报分区方法//中国土壤学会盐渍土委员会.中国盐渍土分类分级文集.南京:江苏科学技术出版社:152-158.

肖振华,王学锋,尤文瑞.1995.冬小麦节水灌溉及其对土壤盐动态的影响.土壤,27(1):28-34.

谢承陶.1993.盐渍土改良原理与作物抗性.北京:中国农业科技出版社.

薛禹群,朱学愚.1979.地下水动力学.北京:地质出版社.

严华生,曹杰,谢应齐,等.1999.降雨年际变化的非线性动力统计模拟预测.气象学报,57(4):502-509.

杨金忠.1993.双重结构多孔介质中溶质运移的动量分析初探.水利学报,(2):10-21.

杨金忠,等.1993.区域水盐动态预测预报理论与方法研究.武汉:武汉水利电力大学出版社:84-117.

杨金忠,叶自桐.1994.野外非饱和土壤水流运动速度的空间变异性及其对溶质迁移的影响.水科学进展,5(1):9-17.

姚贤良,等.1986.土壤物理学.北京:农业出版社:84-99.

仪垂祥.1995.非线性科学及其在地学中的应用.北京:气象出版社:53-59.

尉宝龙,赵生义,牛豪震,等.1997.咸水灌溉土体盐分变化的试验研究.山西水利科技,116(2):44-49.

尤文瑞.1994.临界潜水蒸发量初探.土壤通报,25(5):201-203.

张妙仙.1996.潜水蒸发规律和调控.山西水利科技,(4):16-19.

张妙仙.1999.次生盐渍化土壤潜水系统水-盐-作物产量动态模拟及调控.中国科学院水土保持研究所博士论文.1999:21-51.

张展羽,郭相平.1998.作物水盐动态响应模型.水利学报,12:23-29.

赵人俊.1984.流域水文模拟.北京:水利电力出版社.

周凌云,陈志雄.1999.黄淮海中部平原水资源失衡问题与对策.豫北平原农业生态系统研究(2).北京:气象出版社:168-171.

Bresler E, Hanks R J. 1969. Numerical method for estimating simultaneous flow of water and salt in unsaturated soils. Soil Science Society of America Proceedings, 33:827-832.

Bresler E. 1981. Transport of salts in soils and subsoils. Agric, Water Management, 4: 35-62.

Cardon G E, Letey J. 1992a. Plant water uptake terms evaluated for soil water and solute movement models. Soil Science Society of America Journal, 56(6): 1876-1880.

Cardon G E, Letey J. 1992b. Soil-based irrigation and salinity management model:Ⅰ. Plant water uptake calculations. Soil Science Society of America Journal, 56(6):1881-1887.

Cardon G E, Letey J. 1992c. Soil-based irrigation and salinity management model:Ⅱ. Water and solute movement calculations. Soil Science Society of America Journal, 56(6):1887-1892.

Childs S W, Hanks R J. 1975. Model of soil salinity effects on crop growth. Soil Science Society of America Proceedings, 39:617-622.

FAO / UNESCO. 1973. Irrigation, drainage and salinity. London: Camelot Press: 268-287.

Hoffman G J, Howell T A, Solomon K H. 1990. Management of farm irrigation systems. American Joseph: An ASAE Monograph: 702-710.

Nimah M, Hanks R J. 1973. Model for estimating soil, water, plant, and atmosphere interrelations, I. Description and sensitivity. Soil Science Society of America Proceedings, 37:522-527.

Sokolenko. 1984. Water and salt regimes of soils: modeling and management. Alma-Ata: 1-3, 157-161.

van Genuchten M T. 1987. A numerical model for water and solute movement in and below the root zone. USDA-ARS, US Salinity laboratory, Riverside. Research report No.121.

van Schilfgaarde J. 1974. Drainage for agriculture. Madision: American Society of Agronomy: 438-464.